U0146398

电力系统复杂性理论初探

郭剑波 于 群 贺 庆 著

科学出版社

北京

内 容 简 介

复杂性科学是近年来新兴的一门交叉学科,受到了国内外学者的广泛关注。本书基于复杂性理论,根据所收集到的我国电网实际事故的统计数据,进行了电力系统大停电的自组织临界性特征研究,并建立了相关的仿真模型,探索了复杂性理论在电力系统运行中的应用。全书共六章,内容包括:绪论、电力系统的自组织临界性、电力系统停电事故自组织临界性的模型与仿真、我国电网复杂网络特征与自组织临界特性的关系、基于自组织临界性的电网停电事故风险定量评估方法探讨、降低大停电事故期望值的控制方法。

本书适合从事电力系统运行与调度、规划设计和科学研究的人员以及高等院校电气工程等相关专业的研究生阅读和参考。

图书在版编目(CIP)数据

电力系统复杂性理论初探/郭剑波,于群,贺庆著. —北京:科学出版社,2012.10

ISBN 978-7-03-035598-0

Ⅰ.①电⋯ Ⅱ.①郭⋯②于⋯③贺⋯ Ⅲ.①电力系统-系统复杂性-理论研究 Ⅳ.①TM7

中国版本图书馆 CIP 数据核字(2012)第 222907 号

责任编辑:牛宇锋 汤 枫 / 责任校对:张怡君
责任印制:张 倩 / 封面设计:耕者设计工作室

科 学 出 版 社 出版

北京东黄城根北街 16 号
邮政编码:100717
http://www.sciencep.com

源海印刷有限责任公司 印刷

科学出版社发行 各地新华书店经销

*

2012 年 10 月第 一 版 开本:B5(720×1000)
2012 年 10 月第一次印刷 印张:10
字数:189 000

定价:40.00 元

(如有印装质量问题,我社负责调换)

前　　言

电气化是现代社会发展水平的重要标志,电力作为基础能源与现代社会息息相关。电网是维系电力供需的纽带,是国民经济健康发展和人民生活正常秩序的重要保障,电网安全关系国家安全。

现代社会对电力供应的可靠性要求越来越高,电网运行安全已成为突出问题。2003 年 8 月 14 日,美国东部 8 个州以及加拿大的安大略省和魁北克省发生大规模的停电事故,共计损失负荷 6180 万 kW,受停电影响人数达 5000 万。2006年 11 月 4 日,欧洲发生大规模的停电事故,停电波及多个国家,德国、法国、意大利三国受影响最大,共计损失负荷 1450 万 kW,受停电影响人数达 1000 万。2012 年 7 月 30 日,包括首都新德里在内的印度北部 9 个邦发生大停电,共计损失负荷 3567 万 kW,受停电影响人数达 3.7 亿。2012 年 7 月 31 日,印度再次发生大停电,影响范围达 22 个邦,受停电影响人数达 6 亿。此外,澳大利亚、英国、瑞典、丹麦、意大利、新加坡、巴西、韩国、智利等国近年都发生了较大范围的停电事故,在经济上造成巨大损失,严重影响了社会生活。

改革开放以来,我国电力工业发展取得了举世瞩目的成绩。2011 年我国电网装机容量达 10.5 亿 kW,发电量达 4.72 万亿 kW·h。特别是近年来,我国相继建成了 1000kV 特高压交流、±800kV 特高压直流以及青藏 ±400kV 直流输电工程,标志着我国电网已进入"特高压、大电网"时代,实现了除台湾地区外的全国电网互联。随着我国大容量远距离输电及跨国联网输电工程的增加、大规模新能源电源的接入,以及极端气候和自然灾害频发,保证大电网安全可靠运行在理论和实践上都将是严峻挑战。

电力网络是当今世界覆盖面最广、结构最复杂的人造网络系统之一。与其他人造基础设施系统如通信、交通等系统相比较,其特点是:①系统传输的电力不能大规模储存,电力的发、供、用须同时完成,每时每刻都要保持供需的平衡;②分布在广大地域的系统内所有发电机必须同步运转,一旦受到大的扰动产生异常偏离,系统稳定就可能遭到破坏,造成严重后果;③系统故障发生和故障事件演变的随机性,以及故障影响的快速性和全局性,使之很难做到准确预测和把握,从而为系统发生故障时的应对和事后恢复的处理过程带来巨大困难。国内外的大停电事故往往是从系统中某一元件的故障开始,由于继电保护装置的误动或拒动、控制措施不当或不及时、电网结构的不合理,或多种原因的综合作用,引发了一系列的元件故障,最终导致了电网的大面积停电。

　　面对日益扩大的互联电力系统及其复杂的动态行为和由大停电事故造成的巨大损失,各国政府和研究机构都清醒地认识到保障电力系统的安全稳定和优化经济运行是一个世界性的难题。近年来,研究复杂系统和系统复杂性的复杂性科学作为一门新兴的交叉学科受到了国内外学者的广泛关注。系统的复杂性主要表现为系统组成成分的多要素性、结构的多层次性、状态变量的多维性、演化发展的多方向性、有序进化的多规律性等方面。现代电力系统也呈现出了以上系统复杂性的特征,停电事故的形成过程就是电力系统中各元件相互作用的非线性过程。应用复杂性科学的相关理论和方法对电力系统的大停电事故进行探讨是近年来电力系统研究的新领域。

　　我国在2004年的国家重点基础研究发展计划(973计划)资助项目“提高大型互联电网运行可靠性的基础研究”中,将“大电网安全性评估的系统复杂性理论研究”列为其研究的子课题(2004CB217902)。本书以该973计划项目研究成果为基础,基于复杂性理论,根据所收集到的我国电网实际事故的统计数据,进行了电力系统大停电的自组织临界性特征研究,并建立相关的仿真模型,探索了复杂性理论在电网规划和运行中的应用。在973计划项目研究过程中,得到了首席科学家周孝信院士的悉心指导,还得到了湖南大学曹一家教授,以及清华大学梅生伟教授、侯云鹤博士的支持和帮助,特此感谢!

　　感谢中国电力科学研究院专著出版基金对本书的支持。

　　由于国内外电力系统复杂性研究尚处于起步和探索阶段,加之作者水平有限,书中难免存在不足之处。出版本书的目的是希望抛砖引玉,与读者一道共同推进电力系统复杂性研究,并真诚地希望读者能够给予批评和指导。

目　　录

第1章　绪　　论

1.1　电力系统的特点

改革开放以来，我国电力工业发展取得了举世瞩目的成绩，交流 500kV、750kV、1000kV，以及直流±500kV、±660kV 和±800kV 输电工程相继建成投入运行并实现国产化。2011 年我国电网装机容量达 10.5 亿 kW，发电量达 4.72 万亿 kW·h。随着青藏±400kV 直流输电工程建成投入运行，我国已完成除台湾地区外的全国电网互联。我国电网已进入"特高压、大电网"时代。与此同时，电网的大规模互联成为全世界范围内电力系统发展的必然趋势。相邻电网的互联可在紧急情况下互相支援，并能够实现跨地区输送电力、调剂余缺，优化配置资源。联网规模越大，资源优化配置的范围也越大，现在联合电网可以横跨多个国家广大区域，从而形成了一个复杂的庞大系统。这对电力系统的设计及安全运行提出了新的挑战。

在电网规模不断扩大，区域性电力系统互联形成超大规模电网的同时，并社会经济发展需求、资源配置需求、经济互补和可持续发展的推动下，电力系统已从独立的、封闭的"发-用"树形的传统电力系统结构演变成为由电力系统及其关联的信息通信系统和监测/控制系统所组成的以电能流与信息流的交换、共享、互动为一体化的现代电力系统结构[1]。

在这个超大规模的现代电力系统中，电网潮流交换和信息交换的日益频繁以及数量的剧烈增大，互联电网内各子电网间的相互依赖性亦日益增加，管理日趋复杂，电力系统及其关联的信息通信系统和监测/控制系统的任何一个脆弱部位的故障，都有可能导致电力系统灾难性事故的发生。

自 20 世纪 60 年代以来，国内外发生的多起重大电力系统事故如附录（事故统计）所示，特别是近年来相继发生的一系列大停电事故，如 2003 年 8 月 14 日美加大停电、2003 年 8 月 28 日英国伦敦大停电、2003 年 9 月 23 日瑞典-丹麦大停电、2003 年 9 月 28 日意大利全国大停电、2003 年 12 月 20 日美国旧金山大停电，以及 2004 年 7 月 12 日希腊雅典大停电、2005 年 5 月 25 日的莫斯科大停电等；国内，如 1996 年北京 1·19 大停电事故，2001 年辽沈大停电事故[2~10]等，这些事故往往是从系统中某一元件的故障开始，引发多重元件故障，由局部地区小范围扩展到广大地区的大范围，并最终导致大面积停电甚至全网崩溃。例如，2003 年美加8·14

大停电,起因是美国俄亥俄州的一条 345kV 输电线(Camberlain—Harding)因过负荷而跳线,其输送功率转移到相邻的一条 345kV 线路(Hanna—Juniper),引起该条线路长时间过热并下垂,从而对线下树木短路跳闸,随后造成连锁反应酿成大停电事故。该停电事故波及美国 8 个州及加拿大的安大略省和魁北克省 5000 万人受到影响,停电时间长达 29h,损失负荷 6180 万 kW,停电造成的经济损失在美国达 300 亿美元,在加拿大达 52 亿加元。莫斯科 5·25 大停电也只是因为一座变电站设备老化、爆炸起火所致。造成电网大面积停电的原因已不再是单一的暂态稳定性、电压稳定性或小干扰稳定破坏,而是故障持续过程中电网内发生大范围的电力负荷转移,发、输变设备和线路过负荷或低电压效应跳闸,局部电网电压稳定性或暂态稳定性破坏,负阻尼低频振荡,电网解列,频率异常升高或降低等现象的相互交织。在上述多种因素的综合作用,最终导致了系统的连锁性故障,造成大面积停电,给国民经济和人民生活带来巨大的损失和影响。

多年来,电力系统分析主要侧重于研究电力系统动态行为,根据电力系统中各元件在所研究的系统动态过程中的动态响应建立起相应的数学模型,并根据电气接线将系统描述为一个巨维的微分-代数方程组,通过计算机仿真技术得到系统的解。这种分析方法在深入分析电力系统连锁事故和大停电事故的演化机理方面,尤其是研究电力系统大停电的宏观规律方面存在局限性。这是因为大电网本身就是一个复杂的组合体,它既与分布各地的发电电源相联,又对分散在全供电范围的各种用户供电;同时其本身又是一个复杂而庞大的输变电网络组群,各种继电保护装置、自动调控装置以及与之相关的通信系统及设施,遍布电网各处。在电网中任一设备及其运行状态的变化,将立即或轻或重地影响全网,引起自动调控装置其至继电保护的动作,还可能引起对现场人员以及各级电网调度人员的干预,各种设备及其保护控制装置对系统状态变化的响应具有一定的随机性。这种自然的、自动的以及人工干预并具有一定随机性的动态变化和行为的组合,相互关联、相互影响、错综复杂。对于这种极为复杂的现象,至今还没有找到有效的分析理论与方法[2,11,12]。

继电保护装置作为电网安全稳定的第一道防线起着十分重要的作用。然而,多起大停电事故表明,即使保护装置正确动作,对那种过负荷连锁反应式的故障的演化已无能为力;此外,保护装置可能存在的"隐性失效"又会起着推波助澜的作用,使连锁反应事故扩大。几次大事故的教训表明,在连锁故障过程中的运行和故障模式是离线分析所未能预计到的,而实际故障发生后对系统的状况又缺乏全面掌握和分析的手段,未能做出正确的判断和处理,从而导致事故的扩大[13~15]。

长期以来,为了解决电网运行的安全稳定性问题,国内外学术界和工业界进行了大量的研究和实践。尤其是国内,多年来在电网分析方法和软件、安全稳定控制理论、继电保护和安全稳定装置等领域做了大量研究、开发工作,并在实际系统中得到广泛应用。20 世纪 80 年代中期开始,我国主管部门针对国内电网,相继制订和修订了《电力系统安全稳定导则》和《电力系统技术导则》,用以指导电网的规划设计和运行,大大提高了电网的安全运行水平,使电网稳定性破坏事故发生的频率大幅度降低。

1.2　复杂性科学的建立及发展

从亚里士多德时代以来,人们就相信大自然本质上来说是简单的。我国古代自然哲学家就把世界万物归结为少数几种简单物质或简单要素,如阴阳五行等。在古希腊,人们则把一切自然归于最小不可分的原子。随着近代自然科学的发展,强调在实验基础上的分析和归纳,把复杂系统分为简单的要素来研究,已经取得了很大的成功。例如,物理学把世界看成是夸克和轻子的不同组合,把复杂的相互关系归结为四种基本的相互作用;力学把非常复杂的机器系统分解成各种简单机械的重复;光学上瑰丽多姿的色彩被分解为红、绿、蓝三种原色;化学发现世界已知的近 550 万种化合物都是由 112 种(或更多种)元素构成,而各元素又仅仅是电子、中子、质子的不同结合等。在长期探索和实践的基础上,人们提出一条重要的方法论原则——简单性原则。简单性原则一般是指用尽可能少的、逻辑上独立的,而且不能再简化的基本概念和公理构成科学理论体系的原则。它是建立科学理论体系的一条重要原则,是探索客观事物和现象本质的一种科学思维方法。科学理论体系的发展过程是一个从运用较多概念、公理到运用较少概念、公理的过程。这一过程反映了人们对客观世界认识的深化。简单性原则促使科学家建立普适性、统一性越来越高的理论体系,为评价和选择科学理论提供了准则。

随着科学的发展和技术的进步,当人类面对一个由多状态变量非线性相互作用、多层次结构交织起来的复杂世界时,一些复杂的现象难以用传统方法研究解释。这就需要确立相应的自然观,掌握相应的科学方法论。从 20 世纪 30 年代开始,人们逐渐认识到系统大于其组成部分之和,系统具有层次结构和功能结构,系统处于不断地发展变化之中,系统经常与其环境(外界)有物质、能量和信息的交换,系统在远离平衡的状态下也可以稳定(自组织),确定性的系统有其内在的随机性(混沌),而随机性的系统却又有其内在的确定性(突现)。这些新的发现不断地冲击着经典科学的传统观念。系统论、信息论、控制论、相变论(主要研究平衡结构的形成与演化)、耗散结构论(主要研究非平衡相变与自组织)、突变论(主要研究连续过程引起的不连续结果)、协同论(主要研究系统演化与自组织)、混沌论(主要研究确定性系统的内在随机性)、超循环论(主要研究在生命系统演化行为基础上的自组织理论)等新科学理论也相继诞生。这种趋势使许多科学家感到困惑,也促使一些有远见的科学家开始思考并探索新的道路。复杂系统和系统的复杂性这两个范畴就是在这样的背景下提出的。

　　复杂系统和系统的复杂性这两个范畴的提出是以重新确立复杂性的事物根本属性地位为标志,主张复杂性是普遍存在的,任何复杂现象都不是简单现象的叠加,复杂现象具有简单成分所没有的性质。因此,简单只是研究复杂问题的起点而非终点。复杂性研究认为以往人们更多关注简单性的原因并不在于其是事物的本质,而是受到研究手段的局限,无法认识与解释复杂现象的结果。现代科技的迅猛发展为我们全面认识复杂现象提供了可能。应该说,复杂性研究为困扰在还原论漩涡中的科学家们提供了新的思路,它促使人们从单纯研究构成系统的各要素中抽身而出,开始关注更为本质的要素间关系以及系统深化的过程。

　　虽然当前关于复杂系统的认识与定义尚未统一,但是形成复杂性科学框架的一系列概念已逐步清晰化。系统的复杂性主要表现在以下几个方面[16,17]:

　　(1) 系统组成成分的多要素性。凡是复杂系统,无不是由多个要素构成的整体,这些要素并不是单一同质的,它们有各自的结构和功能,并且相互之间的联系广泛而密切。系统中的每一个单元的变化都会受到其他单元变化的影响,并会引起其他单元的变化。例如,人的神经网络有亿万个神经元组成,人类的基因组由约 30 亿个碱基对组成,并形成几千个基因小群。

　　(2) 系统结构的多层次性。组成成分多要素性并不是复杂系统之所以具有复杂性的关键所在,问题的关键在于系统在组成整体时,在结构上具有多层次性。每一层次均成为构筑其上一层的单元,同时也有助于系统的某一功能的实现。例如,细胞作为组成人体大系统的一个基本层次,处于该层次上的若干细胞相互联系,相互作用组成一个个的器官,不同的器官又组成人体的若干子系统(如神经系统、呼吸系统),再由这些子系统组成人体系统。

　　(3) 系统状态变量的多维性。对于一个复杂的系统,需要在各个层次上对系统进行描述,系统有多少个层次,就至少需要多少组变量来描述;若想了解系统内部的不同层次之间的关系,就需要更多的变量。要利用变量反应系统不同层次之间的关系,不仅需要找到这些变量,而且还要找到这些变量之间的联系,才能利用它们来描述系统的状态。

　　(4) 系统演化发展的多方向性。复杂系统是由众多要素非线性相互作用构成的不可积系统,这种非线性相互作用导致了系统在演化发展过程中的多个方向性。至于系统通过自组织究竟进化跃变到哪个方向,则受偶然性与必然性的对立统一规律所支配。

　　系统有序进化的多规律性,复杂系统的组织化、有序化或信息增值化水平的不断提高,有赖于多种规律同时发挥作用。

　　一般认为复杂系统具有以下特征[16~23]:

　　(1) 非线性与动态性。普遍认为非线性是产生复杂性的必要条件,没有非线性就没有复杂性。复杂系统都是非线性的动力系统。非线性说明了系统大于各组成部分之和,即每个组成部分不能代替整体,每个层次的局部不能说明整体,低层次的规律不能说明高层次的规律。各组成部分之间、不同层次的组成部分之间相互关联、相互制约,并有复杂的非线性相互作用。动态性说明系统随着时间而变化,经过系统内部和系统与环境的相互作用,不断适应、调节,通过自组织作用,经过不同阶段和不同过程,向更高级的有序化发展,涌现独特的整体行为与特征。

(2) 非周期性与开放性。复杂系统的行为一般是没有周期的,非周期性展现了系统演化的不规则性和列序性,系统的演化不具有明显的规律。系统在运动过程中不会重复原来的轨迹,时间路径也不可能回归到它们以前所经历的任何一点,它们总是在一个有界的区域内展示出一种通常是极其"无序"的振荡行为。

系统是开放的,是与外部相互关联、相互作用的,系统与外部环境是统一的。开放系统不断地与外界进行物质、能量和信息的交换,没有这种交换,系统的生存和发展是不可能的。任何一种复杂系统,只有在开放的条件下才能形成,也只有在开放的条件下才能维持和生存。

(3) 积累效应(初值敏感性)。积累效应是指系统运动过程中,如果起始状态稍微有一点改变,那么随着系统的演化,这种变化就会被迅速积累和放大,最终导致系统行为发生巨大的变化。例如,"蝴蝶效应"就反映了初始条件的微小变化可能会给复杂系统带来重大的结局差异。系统的这种敏感性使我们不可能对系统做出精确的长期预测。

(4) 奇怪吸引子。复杂系统在相空间里的演化一般会形成奇怪吸引子。吸引子是指一个系统的时间运行轨道渐进地收敛到一系列点集。换言之,吸引子是指一个系统在不受外界干扰的情况下最终趋向的一种稳定行为形式。而奇怪吸引子既不同于稳定吸引子,它使系统的运行轨道趋向于单点集(点吸引子)或者一些周期圆环(极限环),也不同于不稳定吸引子,它使系统趋向于一些完全随机的行为形式。奇怪吸引子是一种既稳定又不稳定,处在稳定和不稳定区域之间的边界。系统在所有相邻的轨道上运行最终都会被吸引到它的势力范围。但吸引子中两个任意接近的点,虽然同属于一个吸引子,却可能发生背离,轨道的背离是因为它具有初值的敏感性。

(5) 结构自相似性(分形性)。所谓自相似是指系统部分以某种方式与整体相似。分形的两个基本特征是没有特征尺度和具有自相似性。这种自相似性不仅体现在空间结构上,而且还体现在时间序列中。一般来说,复杂系统的结构往往具有自相似性,或几何表征具有分数维数。

综上所述,复杂性科学是专门研究复杂现象和复杂系统,以寻找一般性规律的一门新兴学科。虽然目前对复杂系统的认识与定义尚未统一,但一般认为复杂系统是开放的,受外界作用影响的,由大量相互作用的单元组成,单元之间的相互作用可以使系统作为一个整体产生自发性的自组织行为,并能够表现出涌现特征(emergent)[16,17]。

关于复杂科学的研究一般认为是在 20 世纪 80 年代中期开始的。1984 年,在诺贝尔物理学奖获得者盖尔曼(Murray Gell-Mann)和安德逊(Philip Anderson)、经济学奖获得者阿若(Kenneth Arrow)等的支持下,聚集了一批从事物理、经济、理论生物、计算机等学科的研究人员,在圣菲成立了一个研究所,这就是著名的圣菲研究所(Santa Fe Institute,SFI),并将研究复杂系统的这一学科称为复杂性科学[17~20]。

在我国,钱学森教授很早就注意到了复杂性研究,并以其深刻的洞察力,预见到复杂系统的意义及发展。他提出了"开放的复杂巨系统"的概念,并于 1992 年在复杂系统的研究方法方面,提出"从定性到定量的综合集成研讨厅体系"的设想[21,22]。中国科学院自动化研究所的戴汝为、于景元教授是研讨班的主要成员,并在以后继承和领导了这个研究方向。成思危教授也领导了在管理科学方面复杂系统的研究[23]。

经过 30 年来的研究,各种有关复杂性的观点和理论不断涌现,如协同学(synergetics)[24]、耗散结构(dissipative structures)[25]、遗传算法(genetic algorithms)[26]、混沌(chaos)[27]、灾变(catastrophe)[28]、自组织临界(self organized criticality,SOC)[29]、分形(fractals)[30]和元胞自动机(cellular automata,CA)[31]等。这些理论或概念强调了复杂性研究的不同侧面,在一定程度上反映了当今复杂性科学的指导思想和研究手段。

自组织临界性理论是复杂性科学中的一个重要分支,该理论解释了广延耗散动力系统的组织原则,即自然界中开放、远离平衡态、相互作用的耗散动力系统通过自组织过程,自发地向临界态演化。这类系统共同的特征是能量注入是持续的、缓慢的;能量耗散相对于能量注入来说是瞬时的、"雪崩"式的。当系统达到自组织临界态时,能量耗散事件的强度或尺度分布服从幂律关系标度不变性[29,32]。

1987 年,美国 Brookhaven 国家实验室巴克(P. Bak)、汤超(C. Tang)和威森费尔德(K. Wiesenfeld)在美国《物理评论快报》(*Physical Review Letters*)发表了题为"Self-organized criticality:An explanation of $1/f$ noise"的文章[29],第一次提出了自组织临界性(self-organized criticality)的概念。此后,许多科研人员在这方面作了大量的研究工作。理论方面研究主要集中在 SOC 的数学性质、有限尺度效应以及和其他复杂性理论,如混沌边缘之间的辩证关系等。例如,Bak 等详细研究了SOC 的有关性质,指出 $1/f$ 噪声的根源是自组织临界性,并利用"沙堆模型"系统地阐述了自组织临界性的基本原理[29,32,33]。Dhar 详细推导了 SOC 的有关数学性质,计算出了在临界态可能存在的状态数[34,35]。但实际上用数学理论来推导 SOC 的解析性质是非常困难的,很多科学家作了大量研究均以失败告终,因此至今尚缺乏统一的数学描述。

在应用方面,物理学、生物学、经济学、地质学、计算机等各个领域的科学家将 SOC 概念引入到他们各自的工作领域,纷纷提出了各种 SOC 模型来解释各种复杂的自然现象和工程现象,得到了许多令人关注的结果。例如,IBM 公司的 Glenn A. Held 及其同事设计了一套精巧的沙堆模型物理实验装置,采用粒径 1～1.25mm 的均匀沙粒研究真实沙堆模型中的自组织临界现象[36];Frette 研究了大米堆中的 SOC 现象[37];Field 等发现超导中的电磁漩涡具有 SOC 现象[38];Bak 和 Tang 研究了地震中幂律分布,指出地震是一种 SOC 现象[39];Johuson 等研究了山体滑坡和泥石流中的 SOC 现象[40];Biham 等在 1992 年研究了交通中的 SOC 现象,并提出了二维交通流元胞自动机模型(BML 模型)[41];Malamud、Morein 和 Turcotte 等利用美国真实森林火灾数据,与森林火灾模型的计算结果进行了对照,结果发现真实的森林火灾表现出较好的"频率-面积(尺度)"幂律关系,具有 SOC 特性[42];Johansen 等研究了传染病播中的 SOC 现象[43]等。

在国内,SOC 的研究起步于地学领域的应用,并取得了一定的成绩。例如,於崇文院士以完整和独立的命题提出了"固体地球系统的复杂性与自组织临界性"[44～46];谢和平院士提出了"分形岩石力学"[47];罗德军、王裕宜等研究了泥石流暴发的 SOC 现象[48,49];欧敏研究了滑坡过程中的 SOC 现象[50];谢之康、黄光球等研究了煤矿井下火灾、水灾蔓延过程中的 SOC 现象[51～53];宋卫国等利用自组织临界理论对我国森林火灾现象进行了深入的研究[54～56];朱晓华等利用自组织临界理论研究了我国自然灾害的统计特征[57～59]等。

1.3　电力系统的复杂性特点

系统的复杂性主要表现为系统组成成分的多要素性、结构的多层次性、状态变量的多维性、演化发展的多方向性、具有进化和涌现性等几个方面,尤其是复杂系统在演化过程中表现出自组织临界性是其固有特征。自组织临界性是指一类开放的、动力学的、远离平衡态的、由多个单元组成的复杂系统能够通过一个漫长的自组织过程演化到一个临界态,处于临界态的一个微小的局域扰动可能会通过类似"多米诺效应"的机制被放大,其效应可能会延伸到整个系统,形成一个大的"雪崩"。临界性的特征为,处于临界态的系统中会出现各种大小的"雪崩"事件,小事件可能引起连锁反应事故,并对系统中部分组元产生影响。遍及整体的连锁反应是系统动态行为的本质。现代电力系统也呈现出了以上系统复杂性的特征[11～13],主要表现在以下几个方面:

1) 系统中基本单元或子系统的数量巨大

在电力系统中,各种一次、二次设备种类繁多,数量巨大,成千上万台设备分布在辽阔的地理区域之内。现在电网的规模发展越来越大,资源优化配置的范围也随着电网规格的扩大而扩大,并且由原来的几个电力系统经由联络线相联构成联合电网。联合电网可以横跨很多国家和很大地域,如前苏联统一电力系统装机容量达3.11亿kW,横跨欧亚大陆,与东欧同步联网共4.6亿kW。美国北部与加拿大通过交流及直流输电线相联形成北美大联合电网,总装机容量达9.5亿kW,电力设备资产超过了1万亿美元,230kV及以上电压等级的输电线路超过32万km,有接近3500个电力公司组织,服务的用户超过1亿个,人口达2.83亿。西欧大陆原来14个国家3.0亿kW构成一同步电网,现在已扩大到中欧及东欧地区共有20多个国家参加的同步联合电网。

2) 整个系统之间的层次很多

整个电力系统按不同的分类方法可分为不同的子系统。每个子系统中包含有多个下一级子系统,这些子系统又含有多个不同的分支。例如,从电力系统的构成方式上可分为一次系统和二次系统,而一次系统则由多个发电电源和几层输电网络组成,而输电网络通常又分为输电系统和配电系统两个层次。又如在电力系统的调度和管理也是分层结构。

3) 各个子系统种类繁多且子系统之间存在多种形式和多种层次的交互作用

电力系统各子系统通过电气、机械、信息、测量控制等相互联系并作用,如大电网的稳定破坏、电压崩溃、系统瓦解等事故就是电力系统中各个子系统之间存在多种形式和多种层次交互作用的结果。这些事故的发生与否,取决于电网结构备用容量、继电保护、安全自动装置及调度运行等。

4) 电力系统与外界环境也存在相互作用关系

由于负荷增长与社会经济发展有密切的关系,电网在扩建、规划时,体现出与社会经济密切的相互作用机制:一方面,人类的各种活动直接或间接地影响了电力系统演化、形成与发展;另一方面,电力系统也直接或间接地影响社会经济的发展。电力系统是与人类生活、经济活动联系密切的系统,具有广泛的开放性。其开放性不仅促进了其随时间的发展与演化,同时也使得其演化过程具有高度的复杂性和自组织特性。电网在扩建、规划时,电力设计工程师总是在规定的安全前提下追求最优、最经济的扩建方案。这就是电网演化的主导自组织过程。通过自组织过程自发地演化到一种临界状态,在此状态下微小的扰动有可能引发连锁反应并导致灾变。在灾变发生后,电力系统通过自动装置和调度或扩建恢复到稳定运行状态。这过程均表明电力系统与外界有相互作用关系。

5) 电力系统具有进化和涌现性

在过去一百多年的时间里,电力系统是在不断发展的。电网日益扩大,电网最高运行电压不断提高,投入电力系统运行的发电机组容量不断增大,尤其是近几十年来,由于科学的迅速发展和现代化技术成果不断引入,电力工业,特别是先进的计算机和网络技术、信息处理和通信技术、电力电子技术、人工智能技术及非线性系统和控制理论等在电力系统中的应用,使电力系统成为具有进化和涌现性的高度集成的系统,整个系统的安全性和稳定性在不断完善和提高。当今电力系统的监测与控制越来越依赖于信息和通信系统的可靠运行,一个关键通信或信息系统发生故障可能会引起整个系统瘫痪,进而失去可控性和可观测性。由于远方大容量电厂及新技术引入电力系统,以及因电网扩大及联系紧密带来的事故影响范围扩大和短路电流水平日趋增长等情况,使整个电力系统不但出现了一些新的问题,一些过去没有被强调的问题也突出了出来。

停电事故的形成过程就是电力系统中各元件相互作用的非线性过程。当电力系统处于临界状态时,外界扰动有可能导致大停电事故的发生。因此,应用复杂性科学的自组织临界相关理论和方法对电力系统的大停电事故进行探讨具有重要的理论和现实意义。

在电力系统停电事故的研究中,国外学者 Carreras、Newman、Dobson 等对1984~1999 年的美国电力系统大停电事故数据进行了统计分析[60,61],结果表明,大停电规模与概率间满足幂律(power law)关系——这种关系被认为是自组织临界特性的数学表征。相关学者还开发了一些仿真电力系统这一演化过程的模型,如 OPA 模型[60]、Hidden Failure 模型[62,63]、HOT(highly optimized tolerance)模型[64]等。学者们试图利用它们模拟电力系统的自组织临界演化过程,分析影响这一过程的各种因素,研究这一过程中有可能存在的规律性。

目前针对我国电网进行停电事故自组织临界性研究的相关报导还比较少,相关的研究还处于起步阶段,许多学者都在致力于这方面的研究工作。那么,我国的电网是否也具有自组织临界性这一特性呢? 电网的 SOC 特性对研究停电过程演化又有哪些指导意义呢? 这正是本书研究和探讨的主要内容。

1.4　本书章节设置及其说明

结合电力系统本身的特性以及 973 计划项目"提高大型互联电网运行可靠性的基础理论研究"的研究目标,本书基于复杂性理论,根据所收集到的我国电网实际事故的统计数据,进行了电力系统大停电的自组织临界性特征研究,并建立了相关的仿真模型,探索了复杂性理论在电力系统运行中的应用。

本书共 6 章:

第 1 章绪论,主要介绍电力系统的复杂性特征及复杂性科学的建立发展与现状。

第 2 章主要介绍电力系统的自组织临界性,包括自组织临界性的定义及其典型模型——沙堆模型介绍,电力系统大停电的自组织临界性特征,我国电网大停电事故的统计及其自组织临界性分析。

第 3 章主要介绍电力系统停电事故 SOC 的模型与仿真,包括电力系统停电事故 SOC 常用的 OPA 模型、Hidden Failure 模型、Cascade 模型简介。根据 OPA 模型存在的问题,给出了 SOC-Power Failure 模型定义,并基于 SOC-Power Failure 模型进行了电力系统停电事故 SOC 分析。本章还将元胞自动机理论应用到电力系统领域,提出并建立了用元胞自动机来模拟电网故障演化的 CA-Power Failure 模型,定义了 CA-Power Failure 模型中元胞、元胞空间、规则和邻居等的构成方法。利用 CA-Power Failure 模型仿真研究了电网故障的传播演化过程;并对电网故障的自组织临界性进行了验证。在利用提出的模型进行仿真的基础上,对电力系统进入自组织临界状态的标志进行了探讨。

第 4 章主要介绍我国电网复杂网络特征与自组织临界特性的关系,包括典型复杂网络如小世界网络、无标度网络简介,利用复杂网络理论对我国几个大区电网在两个不同时间断面的网络特征数据进行了统计计算,通过仿真分析了电网网络结构参数对自组织临界特性的影响。

第 5 章主要介绍基于自组织临界性的电网停电事故风险定量评估方法,包括极值分析理论简介,电网事故极值分布的推导,并结合实际的电网资料提出了停电事故风险的定量评估方法。

第 6 章主要介绍降低大停电期望值的控制规则研究,包括期望值控制的数学基础简介,沙堆模型中的期望值控制,电力系统中的期望值控制及均衡性控制等。

第 2 章　电力系统的自组织临界性

长期以来,电力系统动态行为的分析往往是先建立起系统中各元件详细数学模型,然后根据物理关系把他们结合起来,将系统描述为巨维的微分-代数方程组,再通过计算机仿真技术分析系统的动态过程。这种分析方法本质上属于还原论的分析方法,在深入分析电力系统连锁反应事故和大停电机理等宏观规律及系统整体特性方面存在明显的局限性。因此,迫切需要发展新的系统分析方法来研究复杂电力系统的动态行为[11~13]。

近年来,复杂性科学作为一门新兴起的交叉学科,已经引起了国内外的普遍关注和广泛重视[16,17]。电力系统作为一种耗散的时空动力系统,大停电是一种能量大规模耗散的特征现象。由于系统中元件或子系统的非线性作用,使系统自然地朝着临界状态演化。电力系统在临界状态下,小事件能引起连锁反应事故,并对系统中部分组元产生影响,形成大停电事故。因此自组织临界性的概念,可望作为用来解释电力系统的中诸如大停电事故这种具有整体行为特征现象的工具。美国学者 Dobson、Carreras、Thorp 等应用自组织临界性理论研究美国电力系统大停电事故,研究初步表明,大停电规模与频率间满足幂律关系,具有自组织临界特性的数学表征[60,61]。

本章首先介绍了自然界中的幂律关系及自组织临界性的概念,然后应用自组织的理论方法,利用收集到的我国电网实际事故数据,进行电力系统大停电的幂律分析及分形分析,验证我国电网的自组织临界性特征。

2.1　自组织临界性

2.1.1　自然界中的幂律关系

美国孟菲斯州立大学的 Johnston 和 Nava 收集了美国东南部新马德里地区 1974~1983 年间的地震数据[65]。他们发现,在双对数图上地震大小的分布是一条直线,这表明地震大小的分布是幂次的,大的地震并不扮演着特别的角色,它们和小的地震一样,遵从同样简单的定律,这就是著名的古登堡-里希特(Gutenburg-Richter)定律[66]。在经济学研究中,曼德尔布罗特(B. Mandelbrot)发现股票、棉花和其他许多商品的价格波动遵从一种极为简单的模式,即列维分布,在双对数图上为一条直线,这表明价格波动也服从幂次分布[67]。在生物学研究中,芝加哥大学的诺伯(D. M. Raup)教授利用收集到的海洋物种化石记录,作了一张关于物种灭绝率(即某个地质时期的物种的数量相对于前一个时期的物种的数量的减少率)的直方图。这张直方图表明,大的灭绝事件和小的灭绝事件一样,落在一条光滑的曲线上[68]。在分形理论中[30]有一个著名的问题:"挪威的海岸线有多长?"初看起来,这是个极其简单的问题,但是要明确回答却极不容易。因为海岸线的长度取决于测量时所用的尺度,即海岸线的结构是"标度无关"(scale free)的。用不同基本标度的尺来测量海岸的长度会发现,标尺 N 与海岸线长度 S 呈幂次关系,且在双对数图上是一条直线,而直线的斜率的负值就是海岸的分形维数 D。另外还有一种被称为 $1/f$ 噪声[33]的现象,英国地球物理学家赫斯特(J. Hurst)用了一生的时间来研究尼罗河的水平面的变化。他发现高水平面的持续时间长短不一,各种时间尺度都有,这个信号就是 $1/f$ 噪声。$1/f$ 噪声表明,各种时间尺度都会出现,如果根据出现的频率将所有的时间尺度叠加成一个信号,会发现该信号的某个分量(时间尺度)的强度与该时间尺度的大小成反比,即时间尺度大的出现的机会要少,时间尺度小的出现的机会多一些,体现在双对数图上就是一条直线。

　　上述的几种现象在自然界是极其普遍的,而且这些现象看起来千奇百怪,似乎毫不相干。但是它们却有着许多共同之处,最根本的相似点在于:它们都是一些统计规律,而且总可以找到一个量,这个量的分布在双对数图上是一条直线。双对数图上的一条直线意味着什么? 数学上称之为"幂律关系"或"幂次定律",即某个量 $N(S)$ 能表示为另一个量 S 的幂次:

$$N(S) \sim S^{-\tau}$$

　　对于地震来说,S 可以表示地震释放的能量,而 $N(S)$ 则表示能量为 S 的地震出现的次数;对于海岸线来说,S 可以表示海岸线的长度,而 $N(S)$ 表示长度为 S 的海岸线的数量;对于 $1/f$ 噪声来说,S 代表时间尺度,而 $N(S)$ 代表尺度 S 出现的频率。

　　一个简单的幂次定律把如此众多,看似杂乱无章的现象联系起来! 幂次定律表明,对于所观察的量而言没有一个特征尺度,各种大小的量均可以出现。

2.1.2　自组织临界性的定义及沙堆模型

　　在 1987 年巴克、汤超和威森费尔德发表于《物理评论快报》的文章中[29],第一次提出了自组织临界性的概念。这篇文章的中文译名为"自组织临界性:$1/f$ 噪声的一种解释"。作者的最初意图只是想提出一种概念来解释自然界中极为常见的 $1/f$ 噪声谱。他们起初研究耦合摆,后来发现耦合摆的情形对于不学物理的人来说不容易想象,他们发现沙堆是更为形象的例子,于是便有了自组织临界性的经典模型——沙堆模型(sand-pile model)。

自组织临界性是指一类开放的、动力学的、远离平衡态的、由多个单元组成的复杂系统能够通过一个漫长的自组织过程演化到一个临界态,处于临界态的一个微小的局域扰动可能会通过类似"多米诺效应"的机制被放大,其效应可能会延伸到整个系统,形成一个大的"雪崩"。临界性的特征为,处于临界态的系统中会出现各种大小的雪崩事件,小事件就能引起连锁反应事故,并对系统中部分组元产生影响。遍及整体的连锁反应是系统动态行为的本质。在宏观表现上,小事故事件的发生概率比大事故事件多,并且雪崩的大小(时间尺度和空间尺度)均服从幂律分布。这种关系被认为是自组织临界特性的数学表征[32,33]。

能形象化地说明自组织临界性基本概念的是沙堆模型[32,33]。如图 2.1 所示,假设有一个圆形的平板,利用一种装置将沙子一次一粒缓慢而均匀地坠落到平板上。这个平板可以代表平衡态,这种态具有最低的能量。最初沙粒停留在坠落位置附近,但不久沙粒就停息在彼此的顶上,形成了一个缓坡的沙堆。沙堆某处坡度过陡后,沙粒发生滑坡,也就是说雪崩开始发生了;在沙堆模型中,雪崩就是指某个沙粒的滑动会导致其他沙粒的滑动,而这些沙粒的滑动又会导致另外一些沙粒的滑动,以此类推。在开始堆沙的时候,一粒沙的滑动只会带来一些局部的扰动,不会对整个沙堆带来的变化,即沙堆的某个部分发生的沙粒崩塌事件不会对距离沙堆中这个部分较远的部分产生影响。在这个阶段,沙堆内部没有整体交流,更多的只是沙粒作为个体的一种行为。随着加入沙粒的增加,沙堆的坡度增陡,雪崩的平均规模也增加,这时单个沙粒的倒塌很可能会影响系统中大量沙粒的倒塌,一些沙粒开始落到圆盘以外。当添加到沙堆上的沙粒与落到圆盘外的沙粒两者的数量在总体上达到平衡时,沙堆就停止增长,此时沙堆系统所处的状态称为稳定态。向处于这种稳定态的沙堆加入沙粒,这颗沙粒可能引起不同规模的雪崩。随着更多沙粒的坠落和沙堆的斜坡更陡而达到临界的安定角时崩塌的平均规模也随之增大。原则上,当一粒沙坠落到呈稳定态的沙堆上时就将触发任意大小的崩塌,直至灾变事件。很显然,这时候整个系统的沙粒之间都有了相互交流,而且会出现大小不一的雪崩。这样的一个稳定态被称为自组织临界态(SOC)。

沙粒的不断加入使得系统从沙粒遵循自身局域动力学的状态转变到整体动力学突现的临界态,即在稳定的 SOC 态,沙堆是一个复杂的系统。这种整体动力学的出现,是无法由单个沙粒的个体性质中得出的。

显然,上述沙堆的某些物理机制,很大程度上融合了许多来自实际经验的直觉,因而有必要采用一个数学模型来模拟沙堆的产生机制。

目前主要有三种传统的沙堆数学模型[32,33]:临界高度模型、临界坡度模型、临界拉普拉斯算子模型,三种模型对某点高度 $H(x,y)$ 有不同的定义。常见的临界高度模型的定义如下:

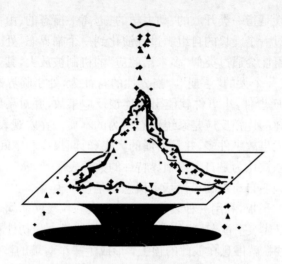

图 2.1　沙堆模型示意图

临界高度模型：建立二维矩阵，矩阵中的每个点 (x, y) 对应一个高度值 $H(x, y)$。任何时候如果该点高度大于或等于 4 将发生坍塌。坍塌的结果是相邻的 4 点高度加 1，点 (x, y) 高度减 4。其数学表达如下：

if $H(x, y) >$ or $= 4$, then

$H(x, y) = H(x, y) - 4$,

$H(x, y \pm 1) = H(x, y \pm 1) + 1$,

$H(x \pm 1, y) = H(x \pm 1, y) + 1$,

此模型采用开放的边界条件，如处于边缘上的某个点高度大于或等于 4 将发生坍塌，那么该点的一些沙就会离开这个系统，相当于从边缘掉下去，对于掉下去的沙粒就不需要再去关心。

上面定义的沙堆模型，所需要的数学不过是 1～4 之间的加减运算，但是这个模型所导致的结果却相当复杂，而且显然无法直接从上述简单的方程和局域规则中导出。

图 2.2 给出了关于一个二维的 (100×100) 的沙堆模型在某个时刻的空间结构的计算机模拟结果。图中黑色的区域表明由某个不稳定的方格所引发的、类似多米诺效应的"集团"。这个"集团"可以定义为由一个局域的小扰动所涉及的动力学区域。我们可以从图中看到各种尺度的"集团"，类似自相似（self-similar）分形结构，表明系统此时已自组织到稳定临界状态。

图 2.3 显示了一个二维沙堆模型的雪崩的空间大小的分布。在双对数坐标图上这个分布是一条直线，表明这个分布是幂次的，直线的斜率即为幂次分布的幂次。对于三维模型，同样可以得到一条类似的直线，只是分布的幂次略微不同。

相应地,该二维模型的雪崩时间大小的分布也是幂次的,由这个分布可以得到 $1/f$ 噪声谱。因而可以看出,沙堆模型能够产生 $1/f$ 谱,从而提出了一种解释 $1/f$ 谱起源的方案[33]。

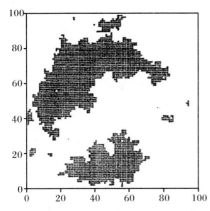

图 2.2　沙堆模型某个时刻的空间结构图

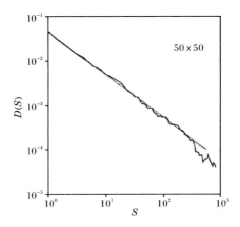

图 2.3　沙堆模型中雪崩的空间大小分布

　　对沙堆模型的数值模拟表明开放的、有多个自由度的、远离平衡态的动力学系统能够演化到一个稳定的自组织临界态。空间的标度律导致自相似的"分形"结构,时间谱则是 $1/f$ 噪声谱。

　　在理解自组织临界性这个概念时,有两个关键方面要考虑:首先,这种临界性根本不同于平衡态统计力学中所指的平衡相变的临界性。平衡系统的相变是通过调节系统的某个参数而达到的,如系统的温度。然而自组织临界性的产生不需要调节系统的任何参数,它是通过系统内部组元之间复杂的相互作用而产生的,不依赖于任何参数,纯粹是系统自身的一种动力学。因而这种临界性被称为自组织的,不是依靠外部因素来干扰或驱使系统演化到临界态。其次,临界性体现了由短程的局域相互作用导致的系统组元间的一种长程的时空关联,这种关联的最终结果体现为雪崩事件的"标度无关性",由幂律特性所表征。

　　作为复杂性的理论之一,自组织临界性理论具有以下几个特征[69]:

　　第一,从某种意义上来说,它是不充分的。复杂性蕴藏着巨大的变化,这种变化的存在排除了所有的细节都能被浓缩成数学方程的可能性。自组织临界性可能解释为什么会存在着变化性,或者是哪种特别情况会出现,但它不可能解释某个特定系统的某个特定的结果。

　　第二,自组织临界性理论是抽象的。例如,一个关于生物演化的自组织临界性模型从原则上来说应当能够描述演化的所有可能情形,适用于大象,也适用于猴子。因此,这个理论考虑的不是具体情形,也不青睐任何特例。

　　第三,它是一种新型的统计理论,不依赖于系统的初始条件和任何细节部分,也不会产生特定的细节,细节的变动不会影响系统的临界性。因此,它不描绘细致的图像。

作为观察大自然的一种新方法,自组织临界性的主要目的是想要解释大自然为什么是复杂的而不是简单的。它解释了自然界中某些普遍存在的结构,如分形、$1/f$ 噪声等。它的应用范围也极其广泛,其中包括地震、脉冲星、黑洞、地貌、生命演化、大脑、经济和交通等,大自宇宙,小到基本粒子的层次。

自从巴克及其合作者于 1987 年首先提出自组织临界性的概念以来,已经有大量关于这方面的工作在各种杂志上发表。物理学家、生物学家、地质学家、经济学家、计算机专家等各个领域的科学家纷纷把这种概念引入他们自身的工作领域,建立了各种各样的模型,得到了许多令人关注的结果。但是作为一种发展中的思想,自组织临界性并非十全十美(例如,大多数 SOC 模型考虑的情形太过于简单,而对某些系统,像生物系统和经济系统来说,某种程度上的因素是必须要考虑的),但它仍不失为一个创举。它把看似毫不相干的现象用一个简单的幂律特性联系在一起,并且试图解释这些现象背后隐含的物理机制。作为复杂性理论的早期尝试,自组织临界性的思维方式有很多借鉴之处。它关于系统整体性质的考虑方式在处理复杂系统时非常有用[69]。

2.2　电力系统大停电的自组织临界性

电力系统是一类"空间上延展的耗散动力系统",兼具时间和空间自由度。它不但是一个动态发展的、非线性的、开放的系统,同时也是具有不确定性和社会经济性等特征的复杂系统。

电力系统大停电是由于系统处于临界状态下,扰动触发连锁反应并导致灾变的过程。在这个过程中,伴随着巨大的能量释放。电力系统向临界态的演化无须对系统的初始状态作特殊规定,同时临界态对扰动是稳健的,即当系统偏离临界态后将自动回归临界态。

近年来,美国学者应用复杂系统理论研究了美国电力系统大停电事故,研究初步表明,美国的大停电规模与频率间满足幂律关系[60,61,70~75]。设大停电的规模为 Q,其发生频率(大停电的规模为 Q 的次数)为 $N(Q)$,它们满足如下幂律关系:

$$\ln N(Q) = a - b\ln Q \tag{2.1}$$

式中,a、b 为常数。作为大停电的规模,他们考虑了三种特征量:停电损失的负荷、受影响的居民数目、大停电发生后所需要的恢复时间。图 2.4 给出了大停电损失的负荷和发生频率的幂律关系,这种关系被认为是自组织临界特性的数学表征。出于担心大停电历史数据的不完备性和不精确性而影响结果的可信性,他们设计了一些人工电力系统来模拟大停电事故,得到一些大停电人工时间序列,这些时间序列也较好地验证了上述幂律关系。

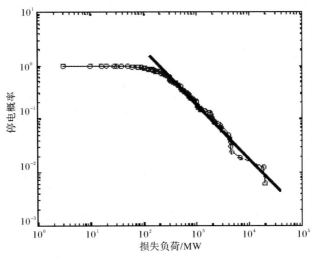

图 2.4　大停电发生的幂律关系[56]

　　通过以上分析,我们将电力系统大停电的自组织临界性描述为:

　　电力系统大停电的自组织临界性是指复杂电力系统能够通过一个漫长的自组织过程演化到一个临界态,处于临界态的一个微小的局域扰动可能会通过类似"多米诺效应"的机制被放大,其效应可能会延伸到整个系统,形成一个大的停电事故。临界性的特征为,处于临界态的系统中会出现各种大小的停电事故,小事故就能引起大的连锁反应,并对系统中部分元件产生影响。遍及整体的连锁反应是系统动态行为的本质。在宏观表现上,小事故事件的发生比大事故事件的发生要多,并且事故的大小服从幂律分布。

　　电力系统自组织临界性的概念可以用来解释复杂电力系统的临界整体行为。文献[34]将电力系统向临界状态的演化与沙堆模型的形成过程作了一定的类比:电力负荷的增长类似于沙堆模型中坠落的沙子,负荷增长到一定水平时,会使电力系统进入临界状态,正如沙堆某处坡度过陡后,沙粒发生滑坡,引起大小不等的"雪崩"一样,进入临界状态的电力系统一定会发生大小不等的停电事故。在物理学(平衡统计力学)中,临界点是系统的行为或结构发生急剧变化的地方。对于电力系统,临界点是大停电前的系统状态。

　　因此,在正常情况下复杂电力系统都是自然地朝着临界状态进化,一旦运行条件发生变化,系统可能进入超临界状态并持续爆发大规模的"雪崩"现象,即规模大小不同的停电事故发生,这与表述自组织临界性的沙堆模型具有相同的机理。

2.3 我国电网大停电事故的统计及其自组织临界性

2.3.1 资料来源及研究方法

作者利用较权威的资料[2,3,76~87]统计了 1981~2002 年我国(不含台湾省数据)电网发生的重大停电事故(包括电网稳定事故和重大停电事故,统计的电网稳定事故以大区电网和主要省网为主,包括对电网安全危害很大的局部电网崩溃事故,但地区性独立小电网的稳定事故未计及在内)。在这 22 年时间内,共发生重大停电事故 219 次,平均每年 10.95 次。表 2.1 所示为电网重大事故按地区分布的统计表。一般来说,用来衡量电网事故规模的指标目前主要有以下几个:①事故中的损失负荷总量;②停电损失的总电量;③受停电影响的总人口;④事故过程中断开的总支路数。

由于在实施《电力生产事故调查规程》前,各单位对电网事故的描述及统计没有统一的格式和口径,有的事故没有记录损失负荷的情况,有损失电量和事故恢复时间记录的事故就更少了,至于受停电影响的总人口及事故过程中断开的总支路数更难查到。为了进行我国电网事故的自组织临界性特征的研究,本书选择了有损失负荷的停电事故作为研究对象。

表 2.1　1981~2002 年电网重大事故按地区分布的统计表

网省局	事故次数	网省局	事故次数
东北电网	44	南方电网	39
华北电网	19	四川电网	1
华东电网	11	山东电网	1
华中电网	40	福建电网	8
西北电网	53	海南电网	3

电力系统大停电的整体动态行为,可能是由表征系统处于自组织临界状态的不稳定结构产生的,然而识别动态系统不稳定性是当前非线性科学领域的难题。即使将电力系统大停电视为自组织临界现象,迄今还没有电力系统大停电过程的解析分析方法。大停电发生在时间分布上是离散和不均匀的,规模、能量也是离散和不均匀的,因此可根据电力系统大停电观测的时间序列数据,利用其分形分维特征来研究电力系统大停电的动力特征,探讨电力系统大停电的自组织临界性,为分析电力系统的停电事故提供信息。当然这要依赖于大停电过程观测数据的数量和质量。

分形理论是美国数学家 Mandelbrot 于 1977 年首次提出来的。所谓分形 (fractal)，是指其组成部分以某种方式与整体相似的几何形态，或者是指在很宽的尺度范围内，没有特征长度但又具有自相似性或自仿射性的图形和现象[30]。自然界的许多事物和现象均表现出极为复杂的形态，但其内部却是有规律可循的，具有统计意义上的自相似性。在分形集中，如果某客体的标度 r 与标度 r 之上的频度 N 之间满足关系式：

$$N = cr^{-D} \tag{2.2}$$

式中，c 为待定常数；D 为分维，也即为幂律值。则可以说客体具有分形结构（服从幂律分布）。对式(2.2)进行双对数变换，可以得到

$$\lg N = C - D\lg r \tag{2.3}$$

式中，$C = \lg c$。

利用式(2.2)和式(2.3)进行电网停电事故自组织临界性特征的揭示时，将以 r 为标度，将 N 定义为在标度 r 之上事故损失负荷数出现的频度。

2.3.2 数据分析及结果

根据统计的数据，可建立 1981～2002 年我国电网发生重大事故的时间序列（图 2.5）。

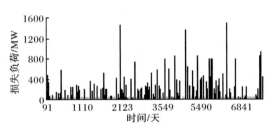

图 2.5 1981～2002 年我国电网发生重大事故的时间序列

在图 2.5 中，在 1981～2002 年间发生重大停电事故 219 次，其中有损失负荷记录的共有 125 次。损失负荷较大的有 1986 年华北电网 7·26 事故、1993 年海南 4·24 事故、1994 年南方电网 5·25 事故、1998 年华东电网与华中电网 1·21 事故等。从图中可以看出，我国电网重大事故发生的次数逐年减少，但损失负荷却在增大，说明了事故的影响范围越来越大。表 2.2 中列出了事故损失负荷数的标度-频度的统计结果。在研究的时间段内，一次事故损失负荷大于 100MW 以上的情况出现了 96 次，损失负荷大于 800MW 的情况出现了 11 次。将表中的数据对应的各点绘于如图 2.6 所示的双对数坐标图中。

表 2.2　1981～2002 年电网重大事故损失负荷频度

标度/MW	>100	>200	>300	>400
频度/次	96	74	40	30
标度/MW	>500	>600	>700	>800
频度/次	21	15	13	11

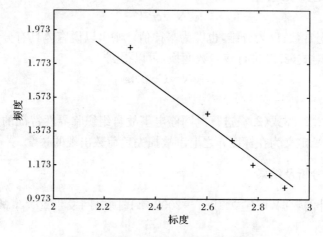

图 2.6　重大事故标度-频度双对数图

利用最小二乘法对各数据点进行线性回归,如图中的直线所示,则 1981～2002 年间我国电网重大停电事故的标度-频度的关系为

$$\lg N = 9.9744 - 1.1196\lg r$$

$$R = -0.9791$$

式中,R 为标度-频度回归方程的样本相关系数。

根据数理统计理论,对于显著水平 $\alpha = 0.01$,$n-2 = 6$,查相关系数显著性检验表,求得临界值 $R_{0.01} = 0.8343$,因 $|R| > R_{0.01}$。

说明我国电网重大停电事故的标度-频度的关系显著,回归方程有效。

在图 2.7 中给出了在双对数坐标下所统计电网重大停电事故的发生概率与规模图,从图中的分布规律可明显地看出概率分布的幂律特征。

通过以上的数据分析可见,我国电网大停电事故的标度-频度为幂律分布,即其具有自组织临界性的典型特征。

根据统计的数据,还可建立 1981～2002 年东北、西北、华中、南方电网发生重大事故的时间序列如图 2.8～图 2.11 所示。

利用研究全国电网数据的方法,1981～2002 年东北、西北、华中、南方电网事故损失负荷数在同一标度下的频度的统计结果如表 2.3 所示。

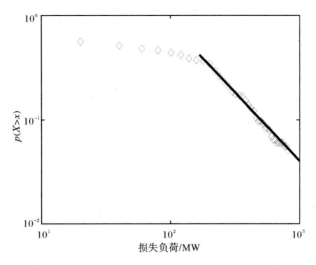

图 2.7 1981～2002 年全国电网大停电事故的损失
负荷与发生概率的双对数坐标图

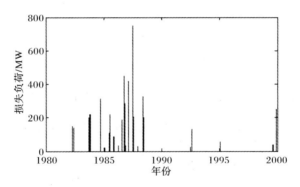

图 2.8 1981～2002 年东北电网发生重大事故的时间序列

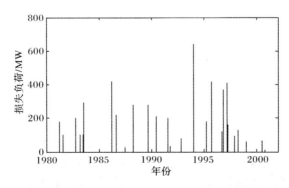

图 2.9 1981～2002 年西北电网发生重大事故的时间序列

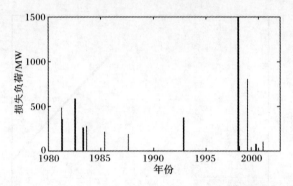

图 2.10　1981～2002 年华中电网发生重大事故的时间序列

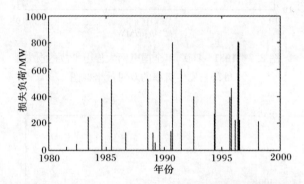

图 2.11　1981～2002 年南方电网发生重大事故的时间序列

表 2.3　东北、华中、西北及南方电网重大事故损失负荷频度

标度/MW	>60	>100	>140	>180
东北电网频度	22	18	15	14
华中电网频度	13	12	11	11
西北电网频度	27	23	17	15
南方电网频度	22	22	20	19

标度/MW	>220	>260	>300	>340
东北电网频度	9	6	5	3
华中电网频度	9	9	7	7
西北电网频度	10	9	5	5
南方电网频度	18	14	13	13

　　将表 2.3 中的数据对应的各点绘于双对数坐标图中(图 2.12～图 2.15)，利用最小二乘法对各数据点进行线性回归，所得数据如表 2.4 所示。

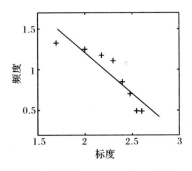

图 2.12　东北电网事故标度频度双对数图

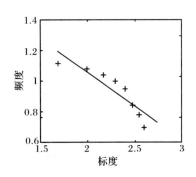

图 2.13　华中电网事故标度频度双对数图

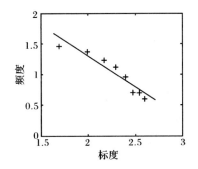

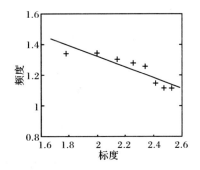

图 2.14　西北电网事故标度频度双对数图　图 2.15　南方电网事故标度频度双对数图

从表 2.4 的统计分析可知,东北、华中、西北和南方电网重大停电事故的标度-频度的关系显著,其规模服从幂律分布。

表 2.4　东北、华中、西北、南方电网事故损失负荷幂律分布统计表

网局	回归方程	相关系数 R	$R_{0.01}$
东北电网	$\lg N = 3.309 - 1.0412 \lg r$	-0.9006	0.8343
华中电网	$\lg N = 1.8049 - 0.3658 \lg r$	-0.9211	0.8343
西北电网	$\lg N = 3.369 - 1.0253 \lg r$	-0.9431	0.8343
南方电网	$\lg N = 2.0057 - 0.3428 \lg r$	-0.9007	0.8343

值得注意的是,从表中还看到东北电网与西北电网的分维相近,华中电网与南方电网的分维相近,在双对数坐标图中的回归直线接近平行,如图 2.16、图 2.17 所示。这一特点说明了幂律值相同的两区域电网向临界状态演化过程有着相似之处,这其中所蕴涵的更深层次机理将是我们下一步的研究方向。

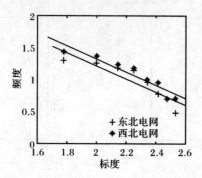

图 2.16　东北电网与西北电网重大事故标度频度双对数图

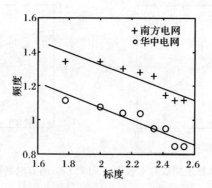

图 2.17　南方电网与华中电网的重大事故标度频度双对数图

2.4　本章小结

　　本章在详细介绍自组织临界性概念的基础上,对电力系统大停电的自组织临界性特征进行了探讨。通过分析整理 1981～2002 年我国电网发生重大事故的统计资料,给出了在相关标度下电网事故的幂律特性,从而验证了我国电网停电事故存在自组织临界性这一重要特征。

第3章　电力系统停电事故自组织临界性的模型与仿真

通常人们在说明自组织临界性时较多地应用到沙堆模型。在研究和如何描述电力系统自组织临界性时,人们发现尽管造成电力系统中大停电事故的原因很复杂,但是负荷与重大停电事故(尤其是连锁性故障)的发生往往关系密切,同时负荷又是电力系统中最重要的变量之一。从这一角度而言,大停电事故发生的机理是:在电网正常运行时,每个元件都带有一定的初始负荷,当因为某一个元件或几个元件因过负荷而导致电网发生故障时,系统原来的潮流将发生变化,停运元件的负荷会加载到仍在正常工作的元件上。一旦这些元件无法承担新增加的负荷而退出工作,就会引起新一轮负荷的重新分配,这将引发连锁性的过负荷,并最终导致电网的大面积停电事故。

根据以上所述机理,美国学者 Dobson、Carreras、Thorp 等提出了当前较为流行的 OPA 模型[60],采用该模型可以获得大停电的概率与大停电的影响程度的函数关系,并作为用来解释电力系统诸如大停电事故这种具有整体行为特征现象的工具。本章通过对 OPA 模型的分析,指出了其在仿真过程中的不足,建立了两种 SOC-Power Failure 模型,模拟电力系统在某个时间运行断面上及长期演化过程中的自组织过程,并进行了负载率对系统自组织临界状态的影响研究。

3.1　电力系统停电事故自组织临界性的常用模型简介

3.1.1　OPA 模型

OPA 模型是由美国橡树岭国家实验室(Oak Ridge National Laboratory,ORNL)、威斯康星(Wisconsin)大学电力系统工程研究中心(Power Systems Engineering Research Centers, PSERC)和阿拉斯加(Alaska)大学的 Dobson、Carreras、Thorp 等多位研究人员提出,用于研究电网自组织临界特性的模型[60](模型分别取这 3 个研究机构名字中的首个英文字母命名)。该模型根据大停电机理与沙堆模型的行为有一定的相似性(具体描述如表 3.1 所示),其基本原理目前被该方向的研究者广泛接受和引用。

OPA 模型的基本思想是,负荷增长导致线路过载和断电,对过载和断电线路的改造导致系统容量增加,从而可以减少线路过载和断电的概率。各种规模的停电事故就是在这两种相反的力量动态平衡中发生的,其目标是建立表达电力系统自组织临界(SOC)过程的模型,从而研究事故的演化过程。OPA 模型将系统演化分为快动作和慢动作两个单独的过程,快动作模拟一天中电力系统发生故障的情况,慢动作模拟系统规模的增长。OPA 模型的具体描述如下:

表 3.1　电力系统与沙堆的相似性

类　型	系统状态	作用力	反作用力	事件
电力系统	负荷水平	用户的负荷需求	对事故的反应	限负荷或跳闸
沙堆模型	沙堆坡度	增加的沙粒	重力	沙堆坍塌

假定电网中有 n 条负荷节点或发电机节点母线和 m 条输电线路。

令 P_{ik} 表示母线 i 在 k 日的注入功率;$\boldsymbol{P}_k = (P_{1k}, P_{2k}, \cdots, P_{nk})^{\mathrm{T}}$ 为 k 日的注入功率向量。

注入功率必须满足总的功率平衡,即 $\sum\limits_{i=1}^{n} P_{ik} = 0$。

令 F_{jk} 为线路 j 在 k 日的实际潮流;$\boldsymbol{F}_k = (F_{1k}, F_{2k}, \cdots, F_{mk})^{\mathrm{T}}$ 为 k 日 m 条输电线路的潮流向量。

线路潮流必须满足热容量或其他约束,即

$$-F_{jk}^{\max} \leqslant F_{jk} \leqslant F_{jk}^{\max} \quad (j = 1, 2, \cdots, m) \tag{3.1}$$

式中,$F_{jk}^{\max}$ 是线路 j 在 k 日的最大允许传输容量。

在直流潮流模型下,电网线路上的潮流和各个节点功率注入之间有如下关系[88]:

$$\boldsymbol{F}_k = \boldsymbol{A} \boldsymbol{P}_k \tag{3.2}$$

式中,$\boldsymbol{A}$ 是线路潮流与节点注入功率之间的关系矩阵,其维数为 $m \times (n-1)$。则潮流方程为[88]

$$\boldsymbol{P} = \boldsymbol{B} \boldsymbol{\Theta} \tag{3.3}$$

式中,$\boldsymbol{\Theta} = [\theta_1, \theta_2, \cdots, \theta_{n-1}]^{\mathrm{T}}$ 为母线电压相角向量;$\boldsymbol{P} = (P_1, P_2, \cdots, P_{n-1})^{\mathrm{T}}$ 为有功注入向量;$\boldsymbol{B}$ 为 $(n-1) \times (n-1)$ 电纳矩阵。

由这个线性方程组可一次求解得到结果。

在某次快动作过程开始之前,首先通过慢动作过程计算得到系统这一天(即这次)的初始负荷情况。具体方法是

将慢速负荷增长表达为

$$\boldsymbol{P}_k = P_0 \prod_{i=1}^{k} \lambda_i \tag{3.4}$$

则第 k 日的初始潮流为

$$\boldsymbol{F}_k = \boldsymbol{A} \boldsymbol{P}_k = A P_0 \prod_{i=1}^{k} \lambda_i \tag{3.5}$$

这些注入功率和潮流作为在第 k 日快动态的初始条件应用。

定义线路 j 在 k 日的过载率为

$$M_{jk} = F_{jk}/F_{jk}^{\max} \tag{3.6}$$

当 $M_{jk}<1$ 时线路有裕度,而 $M_{jk}>1$ 时线路过载。

所有线路过载率向量为

$$\boldsymbol{M}_k = (M_{1k}, M_{2k}, \cdots, M_{mk})^{\mathrm{T}}$$

将前一天发生了故障(或过载)的各条线路的最大允许潮流极限分别乘以一个稍大于 1 的系数 μ_k 来模拟对电网的改造,即线路的增强表达为

$$F_{j(k+1)}^{\max} = \begin{cases} \mu_k F_{jk}^{\max} & \text{停电且线路 } j \text{ 在 } k \text{ 日过载} \\ F_{jk}^{\max} & \text{其他} \end{cases} \tag{3.7}$$

在确定了一天的初始负荷后,模型开始快动作过程的计算。快动作过程的基础是直流潮流方程,同时采用标准线性规划方法求解发电机功率调度问题,目标是使价值函数最小化,即

$$\min\left(\sum P_i(t) - W \sum P_j(t)\right) \tag{3.8}$$

式中,$\sum P_i(t)$ 表示 t 时刻所有发电机发出的总功率;$\sum P_j(t)$ 表示 t 时刻所有负荷节点的总负荷;W 表示甩负荷所付出的代价,在仿真中取 $W=100$。

线性规划方法还必须满足以下约束条件:

$$-F_{jk}^{\max} \leqslant F_{jk} \leqslant F_{jk}^{\max} \tag{3.9}$$

$$0 \leqslant P_{ik} \leqslant P_{ik}^{\max} \tag{3.10}$$

式中,$P_{ik}^{\max}$ 为母线 i 上的发电机在第 k 天的最大有功出力。

即保证发电机输出功率和线路潮流分别小于其极限值。

OPA 模型快动作过程的流程如下:

每一次快动作开始时,首先随机选择一条初始开断线路(也可能没有初始开断线路,相当于"这一天"没有发生故障),然后根据上述线性规划方法重新分配有功注入,这时如果线性规划方法无解或者没有其他线路有功越限则快动作过程完成,输出结果。如果线性规划方法有解且有其他线路有功越限则以相应的概率断开越限线路,然后再进行上述线性规划计算。如此往复,直到再没有线路有功越限或线性规划方法无解。

OPA 模型慢动作过程的基本流程是:

OPA 模型的慢动作发展过程以天为单位,即每天和前一天比,系统的发电能力和负荷水平都有所上升,这是对实际系统隔一段时间系统发电能力和负荷水平有一个较大变化这种形式的简单化模拟。而在一天之内,虽然事故在任何时候都可能发生,但是在当天负荷最大的时候事故发生的概率会相对比较大,故慢动作对一天之内的负荷,仅用一个点来表示。

　　OPA 模型在模拟了"若干天"的电力系统演化情况后,可以得到包括故障损失负荷在内的一系列电网故障数据,对这些数据进行分析可以得到自组织临界特性的基本数学表征——幂律特性。

3.1.2　Hidden Failure 模型简介

　　电力系统中的隐故障通常是指继电保护装置中隐含未被发现的缺陷,一旦装置工作在非正常状态下,该缺陷即会暴露从而导致保护装置误动作。例如,在完成一个开关动作后,保护装置可能将电力系统元件错误地从系统中切除。电力系统的隐故障通常由某种小概率随机事件触发,虽然发生频率不高,但其结果可能是灾难性的。

　　基于上述考虑,文献[63]提出了 Hidden Failure 模型(隐故障模型)来模拟连锁故障及大停电。隐故障模型是把继电保护元件不动作和错误动作分别设置成概率值,在直流潮流模型下进行演化,其主要演化规律和 OPA 模型基本一致。连锁故障过程从一个随机的初始线路跳闸开始,若某线路的潮流超过其预设极限,则跳开该线路;否则根据隐故障机理依概率判断线路是否跳闸。每次跳闸后重新计算线路潮流,直至连锁故障停止。其详细步骤如下:

　　第1步　随机选择初始线路跳闸。

　　第2步　基于直流潮流模型重新计算潮流分布。

　　第3步　检查是否有过载线路;如有,则切除过载线路。

　　第4步　若无过载线路,则查找和上一阶段被切除的线路连接于相同的节点的问题线路,依照概率切除之。特别地,因为故障的传播路径为一维空间,同时切除两条问题线路的概率很小,故障通常一次只切除一条线路;若多条线路可供切除选择,则切除故障概率最高的线路。

　　第5步　检查网络连接情况。如果网络分成几个孤岛,则对各个孤岛分别计算。

　　第6步　在必要时切除负荷以保证系统稳定运行和线路潮流不越界并通过求解一个线性规划问题确定负荷的具体切除数量和地点。

　　第7步　若无线路切除,则统计被切除的负荷、故障线路次序和相关事故数据,停止模拟;否则返回第2步。

　　需要指出的是,若 OPA 模型仅考虑快动态过程,则其与隐故障模型本质上相同。此外,该模型无法刻画电网的长期演化行为[14]。

3.1.3　Cascade 模型简介

　　Cascade 模型[89,90]主要从级联失效的角度假设系统由 n 个独立的相同元件组成,各个元件上的负荷 $L_1, L_2 \cdots, L_n$ 相互独立且在 $[L_{min}, L_{max}]$ 之间均匀分布,在每个元件的负荷上加一个随机扰动,一旦某一元件的负荷超过故障的阈值则将其切除并且把元件的负荷转移到其他未故障的元件,从而引发连锁故障,得到故障规模。

Cascade 模型虽然可以定性地分析电网,但是存在三点不足:

(1) 其假设的前提是各个元件互相没有差异,各个元件的相互作用也相同,在此假设之下与电网有差别;

(2) 负荷分配未考虑网络结构,故障转移的负荷均匀分配也与电网不一致;

(3) 电力网络并未考虑随时间的发展和变化。

3.1.4　Manchester 模型简介

Manchester 模型是由英国曼彻斯特(Manchester)大学的 Nedic、Kirschen 和美国威斯康星大学的 Dobson 等于 2005 年提出的[91,92]。Manchester 故障模型是一个交流模型,而此前的连锁故障模型都是基于直流潮流的。由于直流潮流求解属于线性规划问题,一般情况下不存在解的存在性和收敛问题,而交流潮流求解属于非线性规划问题,受多个非线性约束条件限制,可行解可能不存在。为此,Manchester 模型利用切除部分负荷来保证交流潮流的收敛性,进而模拟电力系统的连锁故障过程,这也是该模型的重要创新点。Manchester 模型以交流潮流计算为基础考虑了包括低频减载、低压减载、保护隐藏故障在内的各种与连锁故障发展相关的因素。但是没有考虑对系统演化有重要影响的外部慢动态变量,因此不能从宏观上研究和分析电力系统长时间慢动态过程。也没有充分考虑发电机的调节作用,可能将非停电故障判断为停电故障或扩大故障规模。

综上所述,OPA 模型、隐故障模型和 Manchester 模型的建立较好地考虑了电力系统的实际动态特性。与基于网络拓扑结构及元件级联失效的连锁故障模型相比,这三个模型更接近电力系统的实际情况,有较清晰的物理意义,具备一定的应用价值。

3.2　SOC-Power Failure 模型

3.2.1　OPA 模型存在的问题

OPA 模型是根据电力系统大停电事故机理与沙堆模型的行为有一定的相似性而提出的,其目标是建立表达电力系统自组织临界过程的模型。研究中发现它存在以下问题:

(1) OPA 模型是首先随机选择一条初始开断线路作为系统的扰动,而沙堆模型首先是不断地增加沙粒,随着沙堆渐渐地扩大,每次在一点加上沙粒,其高度达到临界值时,一些沙粒才会从这点掉落到邻近的点上。

(2) 为了模拟电网的演化,OPA 模型是用前一天所有节点的有功功率数值分别乘以一个稍大于 1 的系数 λ_i 来模拟系统负荷的增长,将前一天发生了故障(或过载)的各条线路的最大允许传输容量分别乘以一个稍大于 1 的系数 μ_k 来模拟对电网的改造。即在 OPA 模型中每经过一个快动作过程,电网就会发生变化,其考虑了电网中长程和短程的作用及电网的生长,演绎了电网的生长。而在沙堆模型中,承载沙堆的圆盘大小固定。在实际电网的运行中,其主要元件如线路、变压器的最大允许传输容量在一定的时间段内也是相对固定不变的。也就是说,沙堆模型中的幂律特性出现的沙堆成长已经完成,沙堆倾角已经稳定时,沙堆的大小保持不变(尤其是圆盘的大小保持不变)。而作为 OPA 模型中电力系统的规模则是不断变化的,在这个变化过程中运行状态也会不断发生改变,因此通过 OPA 模型观察到的电力系统中的幂律特性是在电力系统规模不断发展扩大的过程中体现出来的。因此如果仿真采用的电网是在一个限定的时间段内,其元件的过载能力在这期间是固定不变的,则通过仿真并对系统进入 SOC 状态后的多次故障统计分析,所得到的结果就可以较好地指导在这个限定时间段内电网的生产运行。

在第 2 章中,通过统计分析我国电网 1981～2002 年,这 22 年时间内发生的重大停电事故,揭示了我国电网大停电规模与频率之间呈幂律关系,验证了我国电力系统大停电具有自组织临界性这一特征,但这是从历史统计数据中观察到的故障规模和故障概率之间呈现的幂律特性,并没法考查电力系统在某个运行断面上是否也具有自组织临界性。在实际生产运行中,工程师更加关注特定电网运行过程中出现 SOC 的可能性,而 OPA 是关注一个复杂演化过程中存在的 SOC 现象。

针对以上问题,本节建立了两个 SOC-Power Failure 模型来模拟电力系统的演化。模型采用了直流法作为求解系统潮流的基本方法。直流法具有计算速度快,对初始数据要求低的特点,对于计算量非常大、原始数据本身就不够精确的情况非常适合。

3.2.2　SOC-Power Failure 模型的定义

模型一　电网中各元件的潮流极限固定不变,只考虑负荷增加的影响。

此模型是模拟电力系统在各元件的潮流极限相对固定不变的时间段内,发生一次停电事故的演化过程,模型的具体描述如下:

在某次扰动过程开始之前,先随机地选择一个节点,使其负荷增加。具体方法是

$$P_k = P_{k-1}(1+\lambda) \tag{3.11}$$

定义线路 j 的过载率为

$$M_{jk} = F_{jk}/F_{jk}^{\max}$$

当 $M_{jk}<1$ 时线路有裕度,而 $M_{jk}>1$ 时线路过载。

所有线路过载率向量为:$\boldsymbol{M}_k=(M_{1k},M_{2k},\cdots,M_{mk})^{\mathrm{T}}$。

在前一次扰动中发生故障而断开的各条线路将退出运行,不参与运算。

模型的计算流程如图 3.1 所示。其基本流程是:

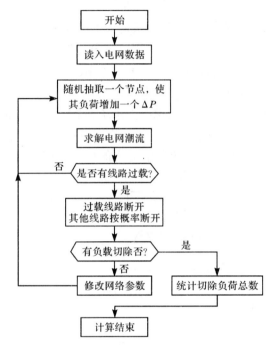

图 3.1　SOC-Power Failure 模型一的计算流程图

(1) 首先读入电网参数及各线路元件的潮流极限,确定发电机的最大出力和负荷需求。

(2) 随机地选择一个节点,使其负荷增加一个 $\Delta P=\lambda P_{k-1}$(模拟沙堆模型加沙的过程),通过求解式(3.2)确定线路潮流。

(3) 检查是否有线路潮流超过潮流极限,即是否有线路上的潮流已经不能满足$-P_{ij\max}\leqslant P_{ij}\leqslant P_{ij\max}$;若有,则进入步骤(4),否则返回步骤(2)。

(4) 将潮流超过潮流极限的线路断开,并判断是否有因隐藏故障造成的其他线路断开,进入步骤(5)。

(5) 如果系统被切成 2 个及以上的孤岛,首先处理孤岛问题,让孤岛内的发电和负荷达到平衡,统计负荷切除量作为结果。如果没有孤岛问题,则判断是否有负荷被切除,如果有则进入步骤(6),如果没有则修改网络拓扑结构后,返回步骤(2)。

(6) 统计总的切除负荷,本次停电事故演化过程结束。

在停电事故演化过程结束后系统可能切除若干线路和负载,为衡量停电事故的规模,用系统在停电事故演化过程中损失的负荷总量 SLC(sum of load curtailment)[93]来描述。定义:

$$SLC = \sum_{i \in I_1} \Delta L_i \qquad (3.12)$$

式中,ΔL_i 为各节点损失负荷的量;I_1 为负荷节点组成的集合。

模型二　同时考虑电网中各元件的潮流极限变化和负荷增加两种因素,考查当发生一定数量的停电事故后,各事故之间的关系。

该模型与模型一的潮流解法相同,其特点是把电网的演化分为内外两层循环结构:内层循环即为模型一方式,模拟电力系统在各元件的潮流极限相对固定不变的时间段内,发生一次停电事故的演化过程;外层循环模拟电力系统的发展,包括发电水平的不断上升和电力系统传输能力的提高过程。通过此模型可以模拟电网长时间的发展演化过程,模型的计算流程如图 3.2 所示。

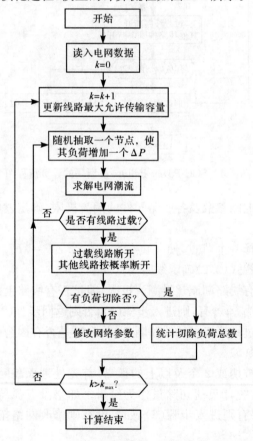

图 3.2　SOC-Power Failure 模型二的计算流程图

在模型中,内层循环模拟电力系统在各元件的潮流极限相对固定不变的时间段内,发生一次停电事故的演化过程,其基本流程是:

(1) 对于第 k 次停电事故演化过程,首先读入电网参数,确定发电机的最大出力和负荷需求,并更新线路元件的潮流极限。

(2) 随机地选择一个节点,使其负荷增加一个 ΔP,通过求解式(3.2)确定线路潮流。

(3) 检查是否有线路潮流超过潮流极限,即是否有线路上的潮流已经不能满足 $-P_{ij\max} \leqslant P_{ij} \leqslant P_{ij\max}$;若有,则进入步骤(4),否则返回步骤(2)。

(4) 将潮流超过潮流极限的线路断开,并判断是否有因隐藏故障造成的其他线路断开,进入步骤(5)。

(5) 如果系统被切成 2 个以上的孤岛,首先处理孤岛问题。如果没有孤岛问题,则判断是否有负荷被切除,如果有则进入步骤(6),如果没有则修改网络拓扑结构后,返回步骤(2)。

(6) 统计总的切除负荷,第 k 次停电事故演化过程结束。

模型的外循环过程以每发生一次停电事故为单位,在每一次事故后,系统中各元件的潮流极限就有所提高,这是对实际系统在发生停电事故后,人们进行电网的维护,建设输电线路,从而提高整个电网的负载能力这种特性的简单模拟。同时考虑了系统的发电能力和负荷水平都有所上升。

模型外循环过程的基本流程是:

(1) 利用每次内循环开始时发电容量均匀增长来模拟实际电力系统中发电机容量的增长。

(2) 对于在内循环过程中断开的线路,利用平均改造效应来模拟其线路改造,即

$$F_{ij,k+1}^{\max} = \mu F_{ij,k}^{\max} \tag{3.13}$$

式中,$F_{ij,k}^{\max}$ 表示线路在第 k 次内循环过程中的最大允许传输容量;μ 为最大允许传输容量的增长因子。

而对于在前一个内循环过程中没有断开的线路,认为其容量够用,不用改造,即

$$F_{ij,k+1}^{\max} = F_{ij,k}^{\max} \tag{3.14}$$

(3) 进入内循环过程。

3.3　利用新建模型的算例与结果分析

仿真首先采用 IEEE 39 节点系统进行,重复利用 SOC-Power Failure 模型一产生了 500 次故障,得到的事故的时间序列如图 3.3 所示。

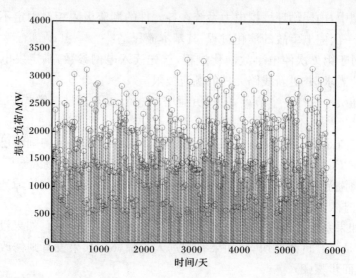

图 3.3　IEEE 39 利用 SOC-Power Failure 模型一产生 500 次故障的时间序列图

　　停电事故规模用系统在停电事故演化过程中损失的负荷总量 SLC 来表征,将各次停电事故规模由大到小重新排序后,在双对数坐标图近似于直线(图 3.4),服从幂律分布。

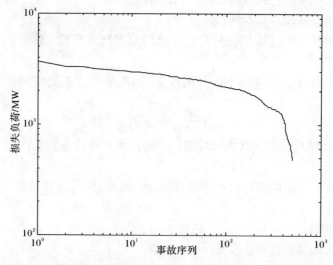

图 3.4　IEEE 39 利用 SOC-Power Failure 模型一仿真的停电事故规模双对数坐标图

　　在停电事故的标度-频度双对数坐标图中(图 3.5),停电事故的标度-频度服从幂律分布:$\lg N = 0.293 - 0.801 \lg r$(在 $\alpha = 0.01$ 水平上显著),其中标度 r 为停电规模,N 为在标度 r 之上事故损失负荷数出现的频度。

　　通过仿真还可以发现,在两次事故的间隔时间由大到小重新排序后,在双对数坐标图也近似于直线(图 3.6),服从幂律分布。

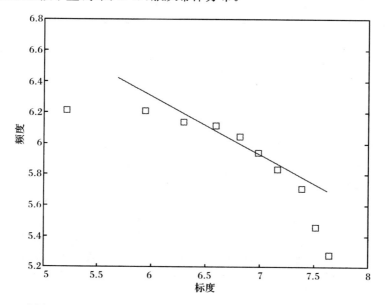

图 3.5　IEEE 39 利用 SOC-Power Failure 模型—仿真的停电事故
规模标度频度双对数坐标图

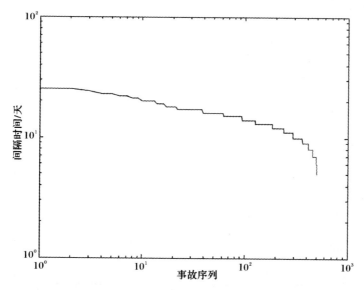

图 3.6　IEEE 39 利用 SOC-Power Failure 模型—仿真的停电事故间隔
时间双对数坐标图

同样的方法,采用东北电网数据,重复利用 SOC-Power Failure 模型一产生了 100 次故障,得到的事故的时间序列如图 3.7 所示。

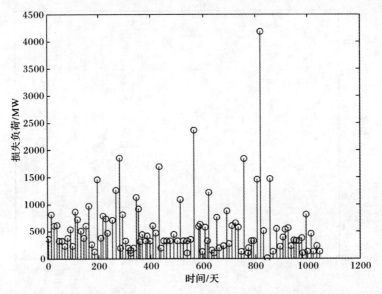

图 3.7　东北电网利用 SOC-Power Failure 模型一产生 100 次故障的时间序列图

将各次停电事故规模由大到小重新排序后,在双对数坐标图近似于直线(图 3.8),服从幂律分布。

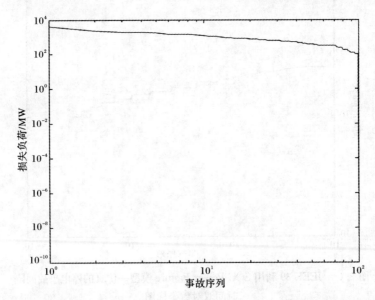

图 3.8　东北电网利用 SOC-Power Failure 模型一仿真的停电事故规模双对数坐标图

　　在停电事故的标度-频度双对数坐标图中(图 3.9),停电事故的标度-频度服从幂律分布:$\lg N = 5.8359 - 1.615 \lg r$(在 $\alpha = 0.01$ 水平上显著)。在两次事故的间隔时间由大到小重新排序后,在双对数坐标图也近似于直线(图 3.10)。

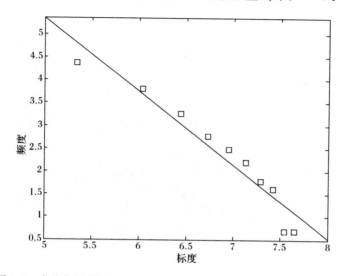

图 3.9　东北电网利用 SOC-Power Failure 模型—仿真的停电事故规模
标度频度双对数坐标图

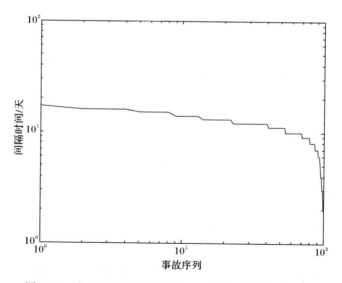

图 3.10　东北电网利用 SOC-Power Failure 模型—仿真的
停电事故间隔时间双对数坐标图

　　当利用 SOC-Power Failure 模型二仿真时,首先设外循环的次数为 200 次,分别采用 IEEE 39 节点系统和东北电网数据进行仿真。得到的停电事故序列分布以及相应的标度-频度双对数坐标图分别如图 3.11～图 3.18 所示。

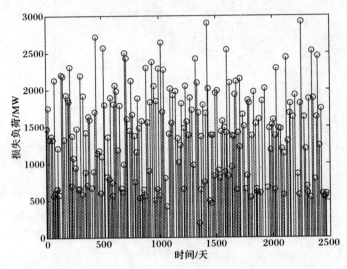

图 3.11　IEEE 39 利用 SOC-Power Failure 模型二产生 200 次故障的时间序列图

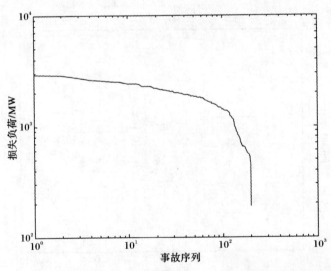

图 3.12　IEEE 39 利用 SOC-Power Failure 模型二仿真的停电事故规模双对数坐标图

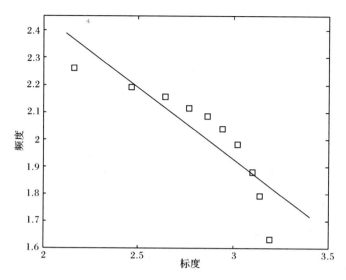

图 3.13　IEEE 39 利用 SOC-Power Failure 模型二真的停电事故规模
标度频度双对数坐标图

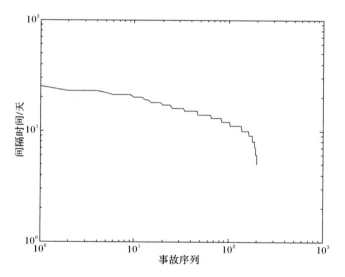

图 3.14　IEEE 39 利用 SOC-Power Failure 模型二仿真的停电事故
间隔时间双对数坐标图

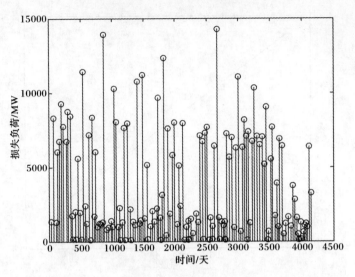

图 3.15　东北电网利用 SOC-Power Failure 模型二产生 150 次
故障的时间序列图

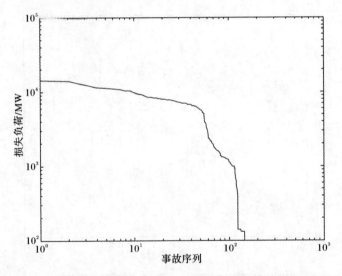

图 3.16　东北电网利用 SOC-Power Failure 模型二仿真的停电
事故规模双对数坐标图

　　通过以上的仿真结果可知,本书所提出的两种 SOC-Power Failure 模型,以更加接近于电网的实际情况模拟了电力系统的演化过程,得到包括故障损失负荷在内的一系列电网故障数据,对这些数据进行分析同样得到了自组织临界特性的基

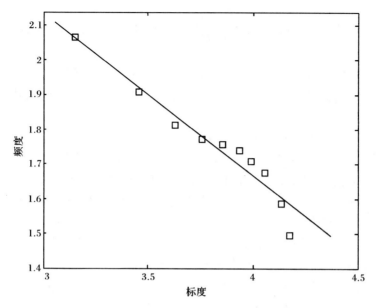

图 3.17　东北电网利用 SOC-Power Failure 模型二仿真的停电事故
规模标度频度双对数坐标图

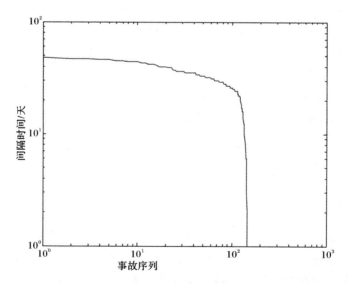

图 3.18　东北电网利用 SOC-Power Failure 模型二仿真的停电事故
间隔时间双对数坐标图

本数学表征——幂律特性,说明模型方法的可行性。

3.4　基于元胞自动机的电网自组织临界性模拟仿真

元胞自动机(cellular automata,CA)是复杂性科学的重要领域,是复杂系统研究方法之一。元胞自动机是建立于细胞发育演化基础上的时空离散、状态离散的并行数学模型。

元胞自动机的思想来源于生物体发育中细胞的自我复制。20世纪50年代初,计算机创始人冯·诺伊曼(von Neumamn)曾提出一个长方形网格,每个网格点表示一个细胞或系统的基元,它们的状态赋值为0或1,用事先设定的规则通过特定的程序在计算机上实现类似于生物体发育中细胞的自我复制,这种模型就是元胞自动机的雏形[94]。80年代,由于这类简单的模型能十分方便地复制出复杂的现象或动态演化过程中的吸引子、自组织和混沌现象,从而引起了物理学家、计算机科学家的极大兴趣,并在许多领域中得到应用,如混沌、分形的产生,模式分类,图像处理,复杂现象等[95,96],并提出了许多变形的元胞自动机,如基于遗传算法为演化规则的遗传元胞自动机[97],模糊元胞自动机[98],元胞为神经元的神经元胞自动机[99]等。

目前,元胞自动机已经逐渐成为·个国际前沿的研究领域,被广泛地应用到社会学、生物学、信息科学、计算机科学、物理、军事、交通、地震、滑坡等研究领域中。元胞自动机作为一种全离散的局部动力学模型,很容易描写单元间的相互作用,不需要建立和求解复杂的微分方程,只要确定简单的局部演化规则即可,所以非常适合于模拟复杂系统的时空演化过程。为了研究电网大停电事故的演化机理,本节将元胞自动机理论引入到电力系统研究中,构造了电网故障元胞自动机(CA-Power Failure)模型,模型以每个元胞代表一个电网元件,以元胞的破裂来模拟元件发生故障,进而模拟电网故障的演化过程中的自组织临界现象。

3.4.1　元胞自动机概述

1. 元胞自动机的构成

元胞自动机是由分布在规则网格中的每一个元胞取有限的离散状态,遵循确定的局部规则做出同步更新,即大量元胞通过简单的局部相互作用而构成的动力系统。不同于一般的动力学模型,元胞自动机不是由严格的物理方程确定,而是通过构造一系列模型的规则来实现的,这恰恰增强了其表达复杂关系的能力,为其在复杂性领域的应用奠定了基础。元胞自动机是一种模型框架,基于从局部到整体、自下而上的系统建模思想,它广泛适用复杂、无序以及自然、经济、社会综合作用的复杂系统[100]。

标准的元胞自动机是一个四元组：

$$A=(L_d,S,N,f) \tag{3.15}$$

式中，A 代表一个元胞自动机系统；L_d 为元胞空间，d 为元胞空间的维数；S 为元胞的有限状态集合；N 为一个所有邻域内元胞的组合（包括中心元胞），即包含 n 个不同元胞状态的一个空间矢量，记为 $N=(s_1,s_2,\cdots,s_n)$，n 是元胞的邻居个数，$s_i\in\mathbf{Z}$（$\mathbf{Z}$ 为整数集合），$i\in\{1,2,\cdots,n\}$；f 表示将 S^n 映射到 S 上的一个状态转换函数。元胞自动机的构成如图 3.19 所示[100,101]。

1）元胞及状态

元胞又可称为单元或基元，是元胞自动机的最基本的组成部分。元胞分布在离散的一维、二维或多维欧几里得空间的晶格点上。

元胞的状态可以是 $\{0,1\}$ 的二进制形式，或是 $\{s_1,s_2,\cdots,s_i,\cdots,s_k\}$ 整数形式的离散集。严格意义上，元胞自动机的元胞只能有一个状态变量，但在实际应用中往往将其进行扩展。

2）元胞空间

元胞空间指元胞所分布在的空间网点的集合。元胞空间的构成有几何划分、边界条件和构形三个要素。

几何划分：元胞空间的几何划分可以是任意维数的欧几里得空间规则划分。对于最为常见的二维元胞自动机通常可按三角、四方或六边形网格排列，如图 3.20 所示。元胞在二维空间上的有序排列即构成元胞空间。

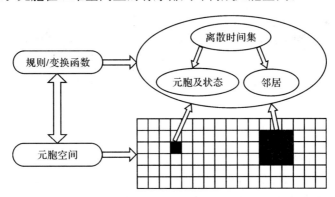

图 3.19　元胞自动机的构成

边界条件：如果元胞空间可以在各维向上无限延展，应该是有利于元胞自动机在理论上的推理和研究的，但是这一理想条件目前还只是在计算机上可以实现，因此我们需要定义不同的边界条件。归纳起来，边界条件主要有周期型、反射型、定值型和随机型。

周期型（periodic boundary）是指相对边界连接起来的元胞空间。反射型（reflective boundary)指在边界外邻居的元胞状态是以边界为轴的镜面反射。定值型（constant boundary)指所有边界外元胞均取某一固定常量，如 0、1 等。这三种边界类型在实际应用中，尤其是二维或更高维数时，可以相互结合。随机型（random boundary)指在边界实时产生随机值，以便在实际应用中，更加客观、自然地模拟实际现象。

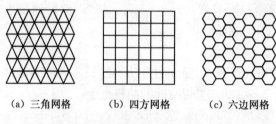

(a) 三角网格　　　　(b) 四方网格　　　　(c) 六边网格

图 3.20　二维元胞的三种网络划分

3）邻居

在元胞自动机中，一个元胞下一时刻的状态决定于其本身的状态和它的邻居元胞的状态。因而，必须定义一定的邻居规则，明确哪些元胞属于该元胞的邻居。二维元胞自动机的邻居以最常用的规则四方网格划分为例，有以下三种类型：(如图 3.21 所示，其中黑色的元胞为中心元胞，灰色元胞为其邻居)

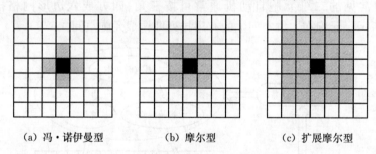

(a) 冯·诺伊曼型　　　　(b) 摩尔型　　　　(c) 扩展摩尔型

图 3.21　二维元胞自动机的邻居模型

（1）冯·诺伊曼型。

一个元胞的上、下、左、右相邻四个元胞为该元胞的邻居。这里，邻居半径 r 为 1，相当于图像处理中的四邻域、四方向。其邻居定义如下：

$$N_{\text{Neumann}} = \{ v_i = (v_{ix}, v_{iy}) \mid |v_{ix} - v_{ox}| + |v_{iy} - v_{oy}| \leqslant 1, (v_{ix}, v_{iy}) \in Z^2 \}$$

$$(3.16)$$

式中，v_{ix}、v_{iy} 表示邻居元胞的行列坐标值；v_{ox}、v_{oy} 表示中心元胞的行列坐标值。

（2）摩尔（Moore）型。

一个元胞的上、下、左、右、左上、右上、右下、左下相邻八个元胞为该元胞的邻居。邻居半径 r 同样为 1，相当于图像处理中的八邻域、八方向。其邻居定义如下：

$$N_{\text{Moore}} = \{ v_i = (v_{ix}, v_{iy}) \mid \mid v_{ix} - v_{ox} \mid \leqslant 1, \mid v_{iy} - v_{oy} \mid \leqslant 1, (v_{ix}, v_{iy}) \in Z^2 \}$$

(3.17)

（3）扩展摩尔型。

将以上的邻居半径 r 扩展为 2 或者更大，即得到所谓扩展的摩尔型邻居。其数学定义可以表示为

$$N_{\text{Ex-Moore}} = \{ v_i = (v_{ix}, v_{iy}) \mid \mid v_{ix} - v_{ox} \mid + \mid v_{iy} - v_{oy} \mid \leqslant r, (v_{ix}, v_{iy}) \in Z^2 \}$$

(3.18)

对于四方网格，在维数为 d 时，这三种模型的邻居个数分别为 2^d、$(3^d - 1)$ 和 $\{(2r+1)^d - 1\}$。

4）转换规则与时间

转换规则是元胞自动机的核心，它表述被模拟过程的逻辑关系，决定了元胞自动机的动态演化过程和结果。简单地讲，转换规则就是根据元胞当前状态及其邻居状况确定下一时刻该元胞状态的一个状态转移函数 f。

定义：状态转移函数

$$f: S_i^{t+1} = f(S_i^t, S_N^t)$$

式中，S_i^t 为元胞 i 在 t 时刻的状态；S_i^{t+1} 为元胞 i 在 $t+1$ 时刻的状态；S_N^t 为元胞 i 在 t 时刻其邻居状态组合；f 为元胞自动机的局部映射或局部规则。

元胞自动机是一个动态系统，它在时间维上的变化是离散的，时间 t 是一个连续的、等间距的整数值。一个元胞在 t 时刻的状态，直接依赖于该元胞及其邻居元胞在 $t-1$ 时刻的状态，同时又直接影响了它在 $t+1$ 时刻的状态。

2. 元胞自动机的特性

从元胞空间的几何划分来看，网格中的每一个格点表示一个元胞或基本单元，元胞的 0 或 1 状态赋值，对应于网格中的空格或实格。在事先设定的转化规则下，元胞自动机模型以其框架的简单、开放，可以模拟十分复杂的系统行为而具有很强的生命力。从目前的研究看，元胞自动机具有以下特点[102]：

（1）兼容性。以栅格单元空间来定义元胞自动机，可以很好地和多种空间数据集相互兼容。

（2）离散性。元胞自动机在空间、时间、状态上是离散的。

（3）同步性。将元胞自动机的状态变化看成是对数据或信息的计算或处理，各个元胞的状态将依据确定的局部规则作同步更新，具有计算的并行性。

（4）局部性。每一个元胞的状态，只影响其周围半径为 r 的领域内的元胞在下一时刻的状态。大量元胞通过简单的相互作用而构成动态系统的演化。

（5）高维数。在动力系统中一般将变量的个数称为维数，从这个角度来看，

元胞自动机的维数是无穷的。

作为研究复杂性科学的重要工具,元胞自动机具有其自身的优越性,可以较好地模拟一个开放的耗散体系所表现的突变、自组织和混沌等复杂现象,因此我们提出构造一种基于元胞自动机理论的电网故障演化模型,来模拟故障的演化过程。

3. 元胞自动机在电网故障模型中应用的可行性

在电力系统中,故障可能是由内部或外部扰动等异常输入引发的,故障的传播过程实质上是系统中异常状态与异常输出信号的传播过程,作为电力系统范畴的一个子集——电网,其故障的传播过程也是如此。许多研究成果表明[103,104],元胞自动机适合用于描述系统状态变化和输出状态之间的关系,能够通过简单基元和简单规则产生复杂现象,它具有以下特性,适用于研究电网故障的传播和演化过程。

（1）元胞自动机能够模拟单元间有着相互耦合作用的非线性系统动态过程,因此能够用于模拟由电网间各元件的耦合作用引起的故障传播动态过程。

在电网的运行过程中,当一个元件因为故障而被切除后,有可能引发其他元件也发生故障而被切除,这一传播扩散过程是由于电网元件之间的耦合作用而引起的,具有动态性,而元胞自动机可以模拟单元之间具有耦合作用的复杂系统动态过程。因此,可以将对电网中故障传播的研究,转化为对元胞自动机及其规则的研究。

（2）元胞自动机在时间、状态上的离散性有利于准确表达各元件在每个时间点的运行状态。

在元胞自动机中,每个元胞只有用0、1分别表示的两种运行状态即正常运行状态和功能失效或故障状态。由于故障传播具有延时性,各元胞的运行状态可能随时间的变化而改变。在电网中,各元件同样具有正常运行和故障两种状态,因此,也可用0、1分别来表示元件的两种运行状态,不同的元胞表示不同的元件。随着时间的推移,各元件的运行状态实时更新变化。

（3）元胞自动机中的邻居有利于描述电网元件间的连接关系。

在电网中,各元件并不是孤立存在的,而是至少与一个元件相连接的,元胞自动机的邻居模型就可以形象并准确地表示这一的连接关系。

（4）元胞自动机根据规则作同步更新的特性,有利于描述故障的各种传播过程及其并发性。

在电网的运行过程中,故障的传播和演化有多种模式,如 OPA 模型、CAS-CADE 模型、Hidden Failure 模型、协同学模型等;而元胞自动机可以根据需要灵活定义不同的传播规则,各元件也可以随时间对各自的运行状态作同步更新,互不干扰,能够充分体现故障的并发性。

(5) 元胞自动机易与模糊、概率相结合的特性为描述故障的不确定性和随机性提供了便利。

复杂电力系统的故障传播过程具有不确定性和随机性,可用模糊、概率理论来定性描述,而元胞自动机不仅有一般的元胞自动机模型,还可与模糊理论、概率论结合起来。因此,可以将电网故障传播的不确定性和随机性问题转化为元胞状态的模糊性和与概率相关的演化规则问题。

通过以上对元胞自动机应用特性的分析,阐明了它在电网故障传播和演化过程中应用的可行性。下一节将研究电网故障元胞自动机的 CA 表示方法,建立基于元胞自动机的故障传播及演化模型。

3.4.2　电网故障元胞自动机模型构成

将电网进行抽象化,用元胞代替电网中的元件,它的集合组成一个元胞空间;用一定的数学函数来表示元件对故障的传递,即规则;通过对每个元胞赋予一定的初始过载能力的方法来模拟整个电网的原始情况。这样,便可以建立起用元胞自动机来模拟电网故障演化的 CA-Power Failure 模型。

CA-Power Failure 模型的基本模型定义如下:

1) 元胞的定义及状态

电力系统是由发电、变电、输电、配电和用电多个环节以及信息传送、继电保护、调度控制及相关装置共同构成的一个整体,其中有各种各样的电力元件。在研究电网的自组织临界性时,为了简化问题,我们将电网中的输电线、变压器作为 CA-Power Failure 最基本的组成部分——元胞。电网中第 i 个元胞位置的表示方法是

$$r_i = (x, y) \tag{3.19}$$

式中,$x = 1, 2, \cdots, nb$,$y = 1, 2, \cdots, nb$,nb 为电网的节点数。

电网元胞的状态表示电网中相应元件所处的状态,本模型中每个元胞有两种状态,0 表示元件正常运行状态,1 表示元件处于故障而失效状态(从电网中切除)。

在仿真实验中,一个元胞(元件)是否功能失效或产生故障,取决于其故障程度值。为了研究方便,定义元胞 i 在 t 时步的故障程度值 $\beta_i(t)$ 为流过元胞的潮流 $F_i(x, y, t)$ 与其最大允许传输容量 $F_{i,\max}(x, y)$ 的比值,即

$$\beta_i(t) = \frac{F_i(x, y, t)}{F_{i,\max}(x, y)} \tag{3.20}$$

元胞 i 的运行状态由故障程度值 β_i 来描述,β_i 在 $[0, +\infty]$ 范围内取值,当 $\beta_i = 0$ 时表示元胞的运行状态是完全正常的,当为 $\beta_i > 1$ 时表示元胞的运行状态是完

全故障的。考虑到电网的实际情况,当故障程度值大于某一阈值 β_{lim} 时,认为元胞是故障或功能失效的(即当通过元胞 r_i 的潮流超过 $\beta_i(t)$ 的极限值(阈值) β_{lim} 时,该元胞就会发生破坏,在本书仿真中取 $\beta_{lim}=1$),小于这个阈值时就认为元胞是可以正常运行的。

通过以上的定义可知,元胞除了出现确定性状态外,还出现了介于完好状态到完全故障状态之间的模糊状态,这为利用模糊数学或概率来进一步研究电网的元胞自动机打下了基础。

2)元胞空间

元胞空间是指元胞所分布在的空间网点的集合。在 CA-Power Failure 的仿真中,每个元胞(元件)两端所连接的元胞(元件)是不同的,因此我们直接按照电网的实际情况来确定每一个元胞的空间,准确地反映电网元件的分布情况。

3)元胞的邻居定义

在电网中,一个元胞(元件)一般有两个节点与其他元胞(元件)相连接。参考邻域半径 r 为 1 的摩尔邻居模型,CA-Power Failure 的邻居定义为与该元胞直接相连接的元胞,它们之间有一个公共的节点。

4)元胞的时间定义

同标准的元胞自动机模型一样,在 CA-Power Failure 中,时间同样是一个离散尺度。但是这个离散的时间是一个抽象的概念,它的单位到底是年、月、日,还是用时、分、秒,是本模型应用于实际要必须解决的问题。在实际电网故障传播及其自组织研究中,可以用以下两种方法来研究元胞时间与现实时间的对应问题:

(1)数据推理方法。根据已有的历史数据系列来训练构建好的 CA-Power Failure 模型,由模型模拟结果与历史数据的对应关系来推理模型中的一个元胞时间应当对应的现实时间。对于电网长期的演化过程,例如,如果有某个电网比较详细的历史监测资料,就可以把监测时的数据作为原始数据来设定初始状态,在一定规则下让模型运行,若模型运行了 300 次的结果与电网监测现实的一年时间的数据相近,则可以大致推断一个元胞时间是现实时间的一天。因此,模型继续运行 300 次之后的状态就是此电网一年后的结果。对于电网某一次的故障情况,故障整个的持续时间就很短,如 2003 年 8 月 14 日美国东北部和加拿大互联电网的大停电事故,从图 3.22 给出了这次停电事件的演变过程可以看出,从 15:05:41 EDT 到 16:13 EDT 整个过程持续了约 68min,即 4080s。又如在 1999 年山西电网"7·20"事故中,从新店 10kV 发生故障开始到 220kV 母线故障消失,整个事故持续时间为 2min25.85s[3]。因此在这类故障的仿真过程中,一个元胞时间至少要设定为现实时间的 1s 或 1ms。

(2)模型控制方法。利用其他宏观预测模型,如灰色预测、统计回归等方法来预测该研究电网的某个指标总量,基于 CA-Power Failure 模型总量与之对应的

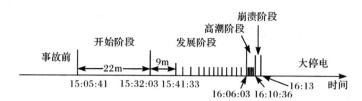

图 3.22　8.14 大停电演变过程简图

关系,而推理模型抽象的时间。

当然,这些方法都是比较粗糙的方法,在时间尺度上,目前元胞自动机时间与现实时间还不能做到十分准确地模拟的预测,这也是元胞自动机研究的一个难点。在本书的仿真中,我们采用了等间隔的时间处理方式。

5) 元胞的转换规则

元胞状态的转化主要是根据通过元胞 r_i 的潮流超过 $\beta_i(t)$ 的极限值(阈值)$\beta_{\lim}$ 时,该元胞就会发生破坏,小于这个阈值时就认为元胞是可以正常运行的。

元胞 $r_i=(x,y)$ 在 t 时刻的 $\beta_i(t)$ 是否大于极限值(阈值)$\beta_{\lim}$。如大于,则该元胞破裂,其原来所流过的潮流按照电路的原理传递给它的其他的元胞。其对邻居的影响定义为当一个元胞破裂后,影响其邻居的输送容量及其 β 值。所有的元胞,按照固定的时间步长,依据同样的演化规则进行演化。当电网中有负荷节点被切除时,认为电网发生了停电事故,演化终止。

3.4.3　电网故障元胞自动机的仿真实验

1. 仿真流程

电网故障元胞自动机(CA-Power Failure)的仿真实验采用 MATLAB 7.0 软件编程实现,仿真过程主要由以下五步组成:

第一步　在仿真的初始时刻,首先利用直流潮流模型求得电网中各元胞的初始潮流 $F_i(x,y,0)$,然后在 $[0,\beta_{\lim}]$ 内给每一个元胞故障程度赋初值 $\beta_{i,0}$,即所有元胞均处于正常运行状态。

第二步　利用各元胞的初始潮流 $F_i(x,y,0)$ 和故障程度值 $\beta_{i,0}$,计算各元胞的容量极限 $F_{i,\max}(x,y)$。

第三步　在 $t=m$ 时刻,给随机选择的元胞施加一个故障扰动 $\Delta\beta$,则元胞的故障程度值 $\beta=\beta_m+\Delta\beta$。若 $\beta\geqslant\beta_{\lim}$,即元胞在第 m 时刻发生故障而失效,转第四步;若 $\beta<\beta_{\lim}$,说明元胞能够承受故障,则继续第三步。

第四步　在 $t=m+1$ 时刻,按照转换规则依次判断所有元胞的故障程度值,直到所有的正常元胞的 $\beta<\beta_{\lim}$ 为止。

第五步　判断电网是否因为有元胞失效而有负荷节点被切除。若没有负荷节点被切除,则求解潮流方程,更新各元胞的故障程度值,转第三步;若有负荷节点被切除,则统计故障规模,仿真结束。

CA-Power Failure 的仿真实验流程图如图 3.23 所示。

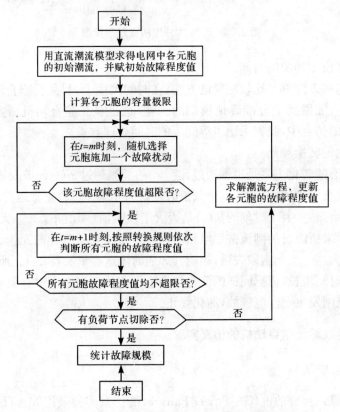

图 3.23　CA-Power Failure 的仿真实验流程图

2. 电网故障的传播演化仿真

对 IEEE 39 节点系统利用 CA-Power Failure 进行仿真。在电网故障的过程中,当一个元件发生故障后,对其他元件的影响或作用有多种形式。例如,保护系统中存在的隐藏故障就是元件之间相互作用的一种方式。由隐藏故障的定义及元胞自动机中邻居的定义可知,当一个元胞破裂后,影响其邻居的故障程度极限值就可以看做是保护装置隐藏故障的一种形式。用类似的方法,就可以利用元胞自动机模型来仿真电网元件之间的其他作用关系以及多种关系共同作用时的情况。

在本书的程序中将各元胞间的相互作用关系(即对邻居的影响)定义为当一

个元胞破裂后,影响其邻居的容量极限 $F_{i,\max}(x,y)$,即当一个元胞破裂后,影响其邻居的容量极限 $F_{i,\max}(x,y)$,使其减小 5％(此数值的大小可以根据情况而调整)。

　　利用 CA-Power Failure 模型在 IEEE 39 节点系统上进行仿真,在仿真的过程中,每增加一次扰动,就计算出各元件的故障程度,并在双对数坐标图绘出其分布曲线,并观察随着扰动的增加,曲线的变化情况,如图 3.24～图 3.29 所示。我们重复进行了多次实验,得到的结果是类似的。

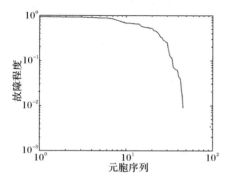

图 3.24　仿真过程中,元胞的故障程度 a 图　　图 3.25　仿真过程中,元胞的故障程度 b 图

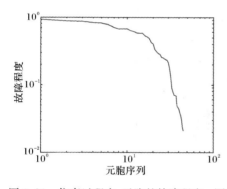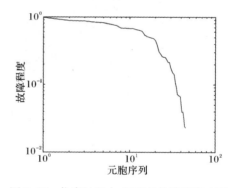

图 3.26　仿真过程中,元胞的故障程度 c 图　　图 3.27　仿真过程中,元胞的故障程度 d 图

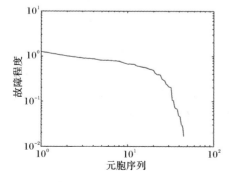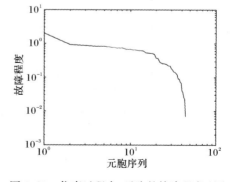

图 3.28　仿真过程中,元胞的故障程度 e 图　　图 3.29　仿真过程中,元胞的故障程度 f 图

从图 3.24 初始状态时的分布情况,到图 3.29 发生停电事故前电网中各元件的故障程度 β_i 分布,图中 β_i 分布斜率的绝对值是越来越大,并且是幂律分布。当斜率增加到一定程度时,任何微小的扰动增加都会导致停电事故的发生,此时系统处在自组织临界状态。

另外,增大一个元胞破裂后其影响邻居的程度,则发生大停电的时间就会变短,相反则发生大停电的时间就会变长,这与电网的实际情况也是相符的。

3. 电网故障的自组织临界性验证

对 IEEE 39 节点系统利用 CA-Power Failure 进行多次仿真实验。得到的事故的时间序列如图 3.30 所示。

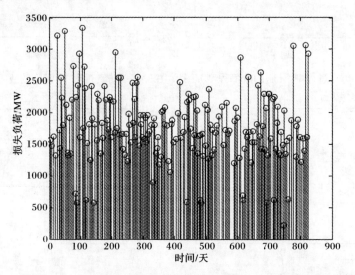

图 3.30 IEEE 39 利用 CA-Power Failure 模型产生 200 次故障的时间序列图

停电事故规模用系统在停电事故演化过程中损失的负荷总量 SLC 来表征,将各次停电事故规模由大到小重新排序后,在双对数坐标图近似于直线(图 3.31),服从幂律分布。

在停电事故的标度-频度双对数坐标图(图 3.32)中,停电事故的标度-频度服从幂律分布:$\lg N = 11.25 - 1.908 \lg r$(在 $\alpha = 0.01$ 水平上显著),其中 r 为标度为停电规模,N 为在标度 r 之上事故损失负荷数出现的频度。

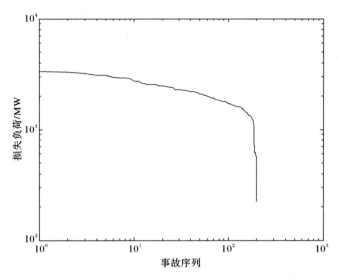

图 3.31　利用 CA-Power Failure 的停电事故规模双对数坐标图

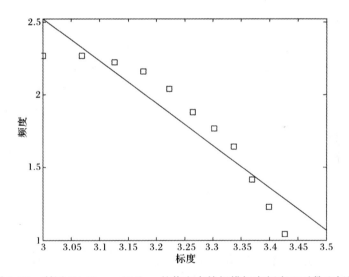

图 3.32　利用 CA-Power Failure 的停电事故规模标度频度双对数坐标图

3.5　负载率分布对电力系统自组织临界状态的影响

负荷是实际电力系统中的最主要变量之一,并且负荷与连锁故障的发生强相关。互联电网在保持拓扑结构、线路容量和发电机容量不变的情况下,随着负荷的增加,系统可能会出现临界现象,这在描述大停电发生的 OPA 模型、隐性故障模型、CASCADE 模型、交流潮流模型和连锁故障动态模型中均有论述。为了研究负载对电力系统自组织临界性的影响,本节用 SOC-Power Failure 模型考察了系统在不同负载下的故障分布情况。

首先定义元件负载率

$$l_i = \frac{P_i}{P_{i,\max}} \tag{3.21}$$

式中,l_i 表示元件 i 的负载率;P_i 为元件 i 上流过的有功潮流的绝对值;$P_{i,\max}$ 为元件 i 的最大允许传输容量。

定义整体性指标——系统负载率为

$$l_{sy} = \frac{\sum\limits_I P_i}{\sum\limits_I P_{i,\max}} \tag{3.22}$$

式中,I 表示由所有元件的集合;P_i 为元件 i 上流过的有功潮流的绝对值;$P_{i,\max}$ 为元件 i 的最大允许传输容量。

首先考察在不同初始系统负载率下的故障分布,仿真结果如图 3.33 所示(图中采用双常用对数坐标)。

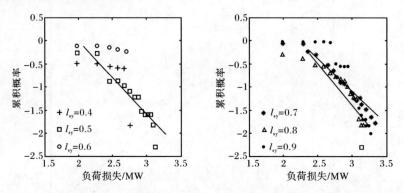

图 3.33　不同系统负载率下的故障规模分布曲线

仿真结果表明,当系统初始负载率为 0.4、0.5 时,大停电事故发生的概率非常小,由扰动造成系统发生的事故规模都很小,此时系统处于非临界状态。当负载率由 0.6 增加到 0.8 时,故障分布规模概率分布曲线表现出明显的幂律分布,对各数据点进行线性回归,得到其斜率值分别为 -1.5、-1.6、-1.8。因此在这三种负载率下,系统处于自组织临界状态,系统中的扰动很可能造成大规模的停电发生。当负载率增加到 0.9 时,故障分布规模概率分布曲线与幂律分布相差就很大,此时系统大规模的停电发生的概率很高,系统已超过了临界状态。

通过仿真中发现,当系统处于自组织临界状态时,其各元件上的负载率是大小不一的。表现出有些线路的负载率很高,但大多数的线路负载率很低。那么如果在系统中各线路的负载率相对平均的情况下,系统还能否表现出自组织临界状态性呢? 在此,考虑一种极端的情况,即线路的负载率都相等并分别取为 0.6、0.8 进行仿真。仿真结果如图 3.34 所示(图中采用双常用对数坐标,为了进行比较,将图 3.33 中的系统负载率为 0.6、0.8 时的曲线也绘在图 3.34 中)。

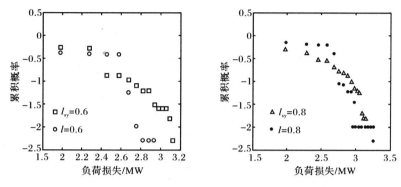

图 3.34　不同元件负载率分布下的故障规模分布曲线

从图 3.33、图 3.34 所示的仿真结果中可得以下两点:

(1) 从图 3.33 中比较可得,系统负载率越高,发生大规模停电的概率就越大。

(2) 从图 3.34 中比较可得,在各线路负载率都相等的情况下,大规模的停电发生概率降低,其分布的幂律关系不显著。

由此可知,系统是否处于自组织临界状态不但与系统负载率有关,而且还与各元件的负载率分布有关。

对于调度人员来说,面对着复杂多变的电力系统运行情况,其最为关心的是系统在当前的运行状态下是否可能发生大停电事故。为了探讨这一问题,在上述仿真的过程中,每增加一次扰动,计算出各元件的负载率后按由大到小排序,在双对数坐标图绘出其分布曲线,观察随着扰动的增加,负载率分布曲线的变化情况。

当假设电网中各元件的初始负载率 l_i 都相等,其一次事故演化的仿真过程如图 3.35 所示(图中用虚线表示的线路及其标注的字母,代表在不同时间断开的线路)。图 3.36 的(a)~(h)标出了相应的系统负载率 l_{sy} 及其分布曲线的斜率 k(图中纵坐标为负载率)。

图 3.36(a)为初始状态时的情况,此时系统负载率取为 $l_{sy}=0.7$,则分布曲线的斜率是 $k=0$。随着扰动次数的不断增加(对应程序的迭代次数),l_{sy} 及 k 的绝对值不断增大,对应图 3.36(b)、图 3.36(c)。当演化到一定程度时,图 3.35 系统中线路元件"3-4"出现过载,对应图 3.36(d)所示,此时 $l_{sy}=0.84$,$k=-0.02$。过载元件切除后,系统负载率 l_{sy} 继续增大,k 的绝对值不断增大且其变化更为显著,元

件"8-9"、"9-39"及"10-12"相继过载断开;图 3.36(h)所示为系统中元件"4-14"、"11-12"出现过载,此时的 $l_{sy}=3.1,k=-0.45$,当过载的元件切除后,大停电事故发生,一次事故的演化过程结束。

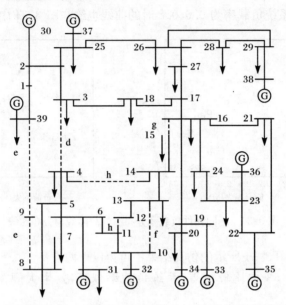

图 3.35　IEEE 39 节点系统的一次事故演化过程

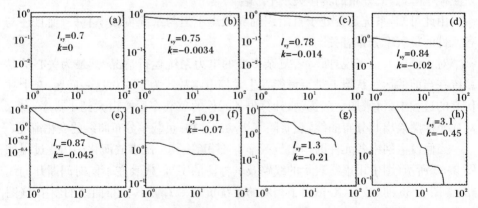

图 3.36　初始 l_i 相等时,发生一次事故过程中元件负载率分布图

当假设电网中各元件的负载率 l_i 是在[0.55,0.95]间的随机均匀分布,其一次事故演化的仿真过程如图 3.37(a)~(f)所示。

图 3.37(a)为初始状态时的情况,各元件的负载率 l_i 是在[0.55,0.95]间的随机均匀分布,计算出此时系统负载率为 $l_{sy}=0.73$,分布曲线的斜率是 $k=-0.017$。

随着扰动次数的不断增加(对应程序的迭代次数),l_{sy} 及 k 的绝对值不断增大,对应图 3.37(b)、图 3.37(c)。当演化到一定程度时,系统中元件出现过载,如图 3.37(d)所示,此时 $l_{sy}=0.78$,$k=-0.019$,与初始情况比较系统负载率的增加并不明显。过载元件切除后,系统负载率 l_{sy} 继续增大,k 的绝对值不断增大且其变化更为显著;图 3.37(f)所示为系统中多个元件出现过载,此时的 $l_{sy}=2.86$,$k=-0.259$。当过载的元件切除后,大停电事故发生,一次事故的演化过程结束。

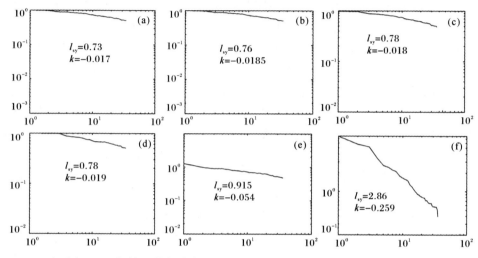

图 3.37　初始 l_i 均匀分布时,发生一次事故过程中元件负载率分布图

　　从以上两种情况的仿真结果可以得出共同点是,随着扰动的不断增加,作为整体性指标的系统负载率在不断增加;与此同时,元件负载率分布曲线的斜率 k 的绝对值是越来越大。当斜率增加到一定程度时,任何微小的负荷增加都会导致停电事故的发生,此时系统处在自组织临界状态。

　　通过仿真还可以得出,当各元件的负载率分布不均匀时,在扰动不断增加过程中,作为整体性指标的系统负载率的增加往往是不明显的,但其元件负载率分布曲线的斜率 k 的绝对值却是越来越大的。

　　我们重复进行了多次仿真实验,虽然每次发生大停电事故前系统负载率与元件负载率分布曲线的斜率 k 的具体数值不同,但是“随着扰动的不断增加,作为整体性指标的系统负载率在不断增加;与此同时,在双对数坐标图中元件负载率分布曲线的斜率 k 的绝对值是越来越大。当斜率增加到一定程度时,任何微小的负荷增加都会导致停电事故的发生。”这一规律是相同的。

　　因此对于调度人员来说,就应当同时关注整个电网的系统负载率和各元件的负载率在双对数坐标图中分布曲线的斜率值这两个指标。在系统负载率相同的情况下,分布曲线斜率的绝对值越大,电力系统发生大规模连锁故障的概率就越高。这时应首先降低重载元件的负载率,如果无法降低,那么采用重新分配发电机出力,平衡整个电网的潮流分布的方法也可以有效地降低电力系统发生大规模连锁故障的概率。

3.6　本章小结

本章根据沙堆模型的特性,提出了两种 SOC-Power Failure 模型,以更加接近于电网实际情况的方式,模拟电力系统的演化,得到包括故障损失负荷在内的一系列电网故障数据,对这些数据进行分析同样得到了自组织临界特性的基本数学表征——幂律特性,说明模型方法的可行性。

利用提出的模型进行了负载率对电力系统自组织临界性的影响研究。根据仿真提出了在日常的电网调度中,应当同时关注整个电网的系统负载率和各元件的负载率在双对数坐标图中分布曲线的斜率值这两个指标。总结出了"随着扰动的不断增加,作为整体性指标的系统负载率在不断增加;与此同时,在双对数坐标图中分布曲线的斜率的绝对值是越来越大。当斜率增加到一定程度时,任何微小的负荷增加都会导致停电事故的发生。"这一宏观规律。

元胞自动机作为一种全离散的局部动力学模型,很容易描写单元间的相互作用,不需要建立和求解复杂的微分方程,只要确定简单得多的局部演化规则即可,所以非常适合于模拟复杂系统的时空演化过程,是复杂性科学的一种重要研究方法,为复杂现象的理论探讨和计算机模拟提供了有效的手段。本章介绍了元胞自动机的一些基本概念、定义和特征,以及元胞、元胞空间、规则和邻居构成及其分类,然后将元胞自动机理论引入到电力系统领域,分析论证了元胞自动机在电网故障模型中应用的可行性,建立了用元胞自动机来模拟电网故障演化的 CA-Power Failure 模型,给出了 CA-Power Failure 模型中元胞、元胞空间、规则和邻居构成的定义方法。

本章利用 CA-Power Failure 模型仿真研究了电网故障的传播演化过程并对电网故障的自组织临界性进行了验证。通过仿真,得到包括故障损失负荷在内的一系列电网故障数据,对这些数据进行分析得到了自组织临界特性的基本数学表征——幂律特性;在仿真的过程中,发现当各元件的故障程度在双对数坐标图中分布曲线斜率的绝对值越来越大,且成幂律分布时,系统将逐渐的进入自组织临界状态。

第4章　我国电网复杂网络特征与自组织临界特性的关系

研究表明,计算机病毒在计算机网络上的蔓延、传染病在人群中的流行、谣言在社会中的扩散等,都与网络的拓扑结构有重要的关系[105]。随着电网的大规模互联,电力网络已经发展成为世界上最复杂的人造网络之一。近年来国内外不断发生的大规模连锁停电事故,使人们开始意识到拓扑结构对电网的安全性有着至关重要的影响。针对我们所研究的课题,电力网络的拓扑结构是否对电网停电事故的整体特性——自组织临界性有影响呢?

在对复杂网络拓扑结构分析的过程中,Watts 等于 1998 年提出的小世界(small-world)网络模型引起了研究者的广泛关注[105]。人们发现,小世界网络广泛存在于生物学领域中的神经系统、基因网络以及社会领域中的科学协作网络和人际关系网,在一些人工建造的物理系统中,如互联网等也呈现出小世界特性。Watts 同时验证了美国西部电网是一个小世界网络[106]。

本章首先对复杂网络的基本概念进行了简介,对小世界特性网络及无标度网络模型进行讨论。参考国内外学者的研究成果[105~109],利用复杂网络理论对我国几个各大区电网 1991 年和 1998 年两个时间断面的网络特征数据进行了统计计算。结果表明了这几个大区电网具有小世界网络特性和无标度特性,并利用得到的数据分析了电网的小世界特性是否会对自组织临界性造成影响。

4.1　典型复杂网络

4.1.1　网络的基本几何量

自然界中存在的大量复杂系统都可以通过形形色色的网络加以描述。一个典型的网络是由许多节点与连接两个节点之间的一些边组成的,其中节点用来代表真实系统中不同的个体,而边则用来表示个体间的关系,往往是两个节点之间具有某种特定的关系则连一条边,反之则不连边,有边相连的两个节点被看做是相邻的。例如,计算机网络可以看做是自主工作的计算机通过通信介质如光缆、双绞线、同轴电缆等相互连接形成的网络;电力网络可以看做是发电厂、负荷通过输电线路、变压器等相互连接形成的网络。类似的还有社会关系网络、食物链网络、神经网络等。

从统计物理学的角度来看,网络是一个包含了大量个体以及个体之间相互作用的系统,是把某种现象或某类关系抽象为个体(顶点)及个体之间相互作用(边)而形成的用来描述这一现象或关系的图。其定义为:设网络 $G=(V,E)$,由一个点集 $V(G)$ 和一个边集 $E(G)$ 组成的一个图,且 $E(G)$ 中的每条边 e_i 有 $V(G)$ 的一对点 (u,v) 与之对应。如果任意 (u,v) 与 (v,u) 对应同一条边,则称 G 为无向网络,否则 G 为有向网络;如果对于任意边有 $e_i=1$,则称为 G 无权网络,否则 G 为加权网络。

网络的基本几何量有:最短路径、平均距离、聚类系数、节点度数、节点平均度数及节点度数分布等特征参数。对无向、无权网络,它们的定义分别为:

(1) 最短路径 l_{ij}。两点的最短路径 l_{ij} 定义为所有连通 i,j 的通路中,所经过的其他顶点最少的一条或几条路径。

(2) 平均距离 L。在一个网络中,任意两个节点间的距离 d_{ij} 被定义为连接这两个节点的最短路径的长度。对所有节点对的距离求平均值,就得到了该网络的平均距离为

$$L = \frac{1}{n \times (n-1)} \sum_{i \neq j \in G} d_{ij} \tag{4.1}$$

式中,n 为总节点个数。平均距离反映了网络中节点之间信息传播的平均长度。

(3) 节点的度数 k。在网络中,节点的度数是指连接这个节点的边数。节点的度是描述网络局部特性的基本参数。网络中并不是所有节点都具有相同的度,系统各节点度可以用一个分布函数 $P(k)$(度分布函数)来描述,度分布函数反映了网络系统的宏观统计特征。

(4) 网络平均度数 K。对网络中所有节点的度数求平均值,即得到网络的平均度数 K。对于一个边数为 E、节点数为 n 的网络,其平均度数可表示为

$$K=2E/n \tag{4.2}$$

(5) 聚类系数 C。网络的聚类系数是专门用来衡量网络节点集聚程度的一个重要参数。在网络中,对于一个节点 i 的聚类系数定义为

$$C_i = \frac{2E_i}{k_i(k_i-1)} \tag{4.3}$$

式中,k_i 是节点 i 的度,也就是说节点 i 有 k_i 个最近邻;E_i 为 k_i 个最近邻节点中实际存在的联结数目;$k_i(k_i-1)/2$ 为 k_i 个最近邻节点中所有可能的联结数目。

不难看出,C_i 是一个局域几何量,它只描述节点 i 附近的聚类系数。整个网络的聚类系数就是所有节点的聚类系数的平均值。

4.1.2　规则网络和随机网络

通常把一维链、一维正方晶格等称为规则网络。规则网络是指平移对称性晶格,任何一个格点的近邻数目都相同。随机网络是另一个极端,由 N 个顶点构成

的图中,可以存在 C_N^2 条边,我们从中随机连接 M 条边所构成的网络就叫随机网络。1959 年匈牙利家 Paul Erdös 和 Alfréd Rényi 提出了构造随机网络的 ER 模型[111,112]。ER 网络中有数目固定的 N 个节点,任意一对节点以概率 p 连接,最后得到 n 条边。如果 $p=1$,则 N 个节点完全连接就形成连通图,可以计算出总边数为 $N(N-1)/2$。

规则网络与随机网络的典型几何性质包括:度分布、聚类系数和平均距离。

规则网络所有顶点的度数相同,其聚类系数也只需要在一个点计算 $C=<C_v>=C_v$,其最短路径的长度也可以只从某一个顶点开始计算从它到所有其他顶点之间的距离之和 $d\sim n^2$,因此,其平均距离 $L\sim n$。对于随机网络 $G(n,p)$,其顶点的度数值符合平均值为 pn 的泊松分布,其聚类系数约等于 p,平均距离 $L\sim\ln(n)$。

对比规则网络与随机网络,我们发现,聚类系数与平均距离,这两个静态几何量能够很好地反映规则网络与随机网络的性质及其差异。规则网络的特征是聚类系数高而平均距离长,随机网络的特征是聚类系数低而平均距离小。规则网络的平均距离 $L\sim n$,而其聚类系数可以通过改变近邻数目 k_0 来调整。例如,在如图4.1 所示的规则网络中,$k_0=4$,聚类系数分别为 1/2。而在随机网络中,平均聚类系数非常小,在图 4.1 所示的随机网络中,顶点数与边数都与规则网络相同,但聚类系数为 0.02。然而正是因为其聚类系数非常小,所以其平均距离小。考察一个顶点 u 的近邻,假设其近邻数为 a,那么在 a 个近邻的近邻之中相互重复的个数非常少,所以从 u 出发经过两次近邻关系我们可以找到正比于 a^2 的新顶点,最多经过 $\log_a N$ 个近邻关系,我们就可以穷尽整个网络,所以其最短距离满足 $L\sim\ln(n)$。可见对于规则网络,也正是因为其聚类系数高,重复率很大,所以平均距离大。

4.1.3　小世界网络模型

小世界模型的研究最初来源于一个有趣的 Kewin Bacon 游戏。Kewin Bacon 是一个并不太出名的美国演员,但他研究发现,若将曾与他同剧组表演的演员标为 1,和他的同剧组演员曾经同剧组表演的演员标为 2。以此类推,当标度为 4 时,几乎所有美国演艺圈的演员都包含了进来。这个研究结论让人们感叹"世界真小哇!",小世界模型由此得名[110]。

小世界网络是一种介于规则网络与随机网络之间的网络模型,通过下述一个随机重新连线的过程,可以清楚地表明小世界网络与其他两者的关系。

在图 4.1 中,假设所考察网络的节点数 $n=20$,每个节点的平均度数 $k=4$,p 代表规则网络中每一条边重新连接的概率。当 $p=0$ 时,网络自然仍是规则网络;当 $p=1$ 时,网络变为随机网络;当 $0<p<1$ 时,网络变为小世界网络,并且 p 越接近 1,网络的随机性越强。

小世界特性是指网络具有如下式的拓扑特点:

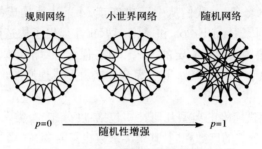

图 4.1　网络拓扑模型与其随机性的关系

$$\begin{cases} C \gg C_{random} \\ L \geqslant L_{random} \end{cases} \tag{4.4}$$

其中，

$$C_{random} \sim \frac{k}{n} \tag{4.5}$$

$$L_{random} \sim \frac{\ln n}{\ln k} \tag{4.6}$$

C_{random} 是指与小世界网络具有相同节点个数和相同平均度数的随机网络的聚类系数；L_{random} 是指与小世界网络具有相同节点个数和相同平均度数的随机网络的特征路径长度；n 是网络的节点数；k 是每个节点的平均度数。C_{random} 和 L_{random} 是通过引入摩尔图来逼近相应的随机网络分析得到的，其计算细节参见文献[110]。式(4.4)表明，小世界网络具有与随机网络大致相近的特征路径长度，但具有大得多的聚类系数。

4.1.4　Barabási-Albert 无标度网络模型

最近在复杂网络领域的一个重大发现是很多大型的复杂网络呈现出无标度特性，这些网络中的节点度数呈现幂分布规律，比如互联网、万维网、新陈代谢网等。为了解释这种幂分布规律，Barabási 和 Albert 构建了一种无标度网络模型[113,114]。他们指出无标度网络自组织的两个重要因素是增长和择优连接，即不断地有新的节点加入网络中，新加入的节点优先与网络中已有节点中度数较大者连接（即所谓的"富者更富"现象）。基本的 Barabási-Albert 无标度网络按照如下算法构建：

（1）增长。开始于较少的节点数量（m_0），在每个时间间隔增加一个具有 m（$\leqslant m_0$）条边的新节点，连接这个新节点到 m 个不同的已经存在于系统中的节点上。

（2）择优连接。在选择新节点的连接点时，假设新节点连接到节点 i 的概率 $\Pi(k_i)$ 取决于节点 i 的度数，即

$$\Pi(k_i) = \frac{k_i}{\sum\limits_{j} k_j} \tag{4.7}$$

经过 t 时间间隔后,该算法产生一具有 $N = t + m_0$ 个节点,mt 条边的网络。经过足够长的时间间隔后,生成一个无标度网络,网络中节点度数成幂律分布:$P(k) = 2k^2/k^3$,分布曲线的形状不随网络大小的变化而变化。在仿真过程中,一般取 $m = m_0 = \overline{m}$。图 4.2 表示网络节点度数的幂律分布,其中:$N = 10000, \overline{m} = 3,$5, 7。

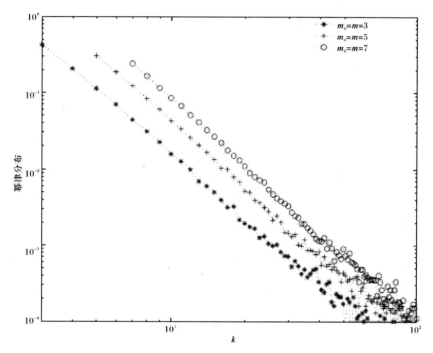

图 4.2　BA 网络的幂率分布,其中 $N = 10000, \overline{m} = 3, 5, 7$[105]

在复杂网络研究中有以下三个重要的概念[111,112]:

(1) 小世界的概念。它以简单的措辞描述了大多数网络,尽管规模很大但是任意两个节(顶)点间却有一条相当短的路径的事实。以日常语言看,它反映的是相互关系的数目可以很小但却能够连接世界的事实。例如,在社会网络中,人与人相互认识的关系很少,却可以找到很远的无关系的其他人。

(2) 集类系数的概念。例如,社会网络中总是存在熟人圈或朋友圈,其中每个成员都认识其他成员。集类系数的意义是网络集团化的程度,这是一种网络的内聚倾向。

(3) 幂律的度分布概念。即节点度服从幂律分布,就是说具有某个特定度的节点数目与这个特定的度之间的关系可以用一个幂函数近似地表示。

4.2　我国电网的复杂网络特征

4.2.1　资料来源及研究方法

本书有关我国各大区电网网络特征的数据主要由国家电力公司出版的《中国电网图集》中变电站一览表和输电线路一览表经过整理获得。为了比较不同时间断面电网的网络特征参数,我们分别取了 1991 年和 1998 年的数据。

目前小世界网络模型是定义在无向、无权、简单、稀疏和连通图的基础上的,因此在获取电网网络特征数据时做了简化工作,具体描述如下:

(1) 研究只限于高压 220kV 及以上电压等级的输电网,不考虑配电网络、发电厂和变电站的主接线结构。

(2) 输电线、变压器支路是电网拓扑模型中的边,且所有边均为无向边。

(3) 所有传输线的拓扑特性均被认为是相同的,即忽略其中传输电压的不同,忽略不同传输线的物理构造特性和电气参数的差异,所有边均为无权边。

(4) 不计入并联电容支路,并消除电网拓扑模型中的自环和多重边,使相应的图成为简单图。

(5) 电网拓扑模型中的节点包括发电厂(电源点)、变电站(负荷点)和中间电气连接点,不考虑大地零点。另外,各种节点均被认为是无差别的节点。

计算平均度数和聚类系数的计算方法都比较简单,网络平均距离的计算采用深度搜索的方法,其计算步骤如下:

(1) 从任意一个节点 k 出发,首先搜索与它直接相连的节点,这些节点与节点 k 的距离为 1,标记这些已经搜索到的节点为 1。

(2) 从搜索到的与节点 k 距离为 1 的节点出发,搜索与它们直接相连的节点(已经标记为 1 的节点和节点 k 除外)。这些节点与节点 k 的距离为 2,标记这些搜索到的节点为 2。

(3) 按照上述方法依次搜索下去,直到网络中所有的节点均被搜索到。这时节点 k 与所有其他节点的最短距离就得到了。

按照上面说的方法计算所有节点与其他节点的最短距离,将得到的数值相加除以 2 就可以得到网络的平均距离。

4.2.2　数据分析结果

尽可能地搜集我国东北、西北、南方和华中电网的有关数据,按照上述计算方法得到了 1991 年和 1998 年两个时间断面的网络数据,结果如表 4.1、表 4.2

所示。

表 4.1　1991 年我国几个区域电网的网络特征参数

参数	华北电网	东北电网	西北电网	华中电网	南方电网
节点数	142	183	54	135	98
边数	184	235	70	178	117
平均度	2.507	2.984	3.111	3.037	2.775
标度因子	1.8124	2.2197	2.0991	2.1969	2.6007
L	7.5636	8.0490	5.7731	6.3839	11.926
L_{random}	5.3926	5.5229	4.1872	5.0588	5.2672
L/L_{random}	1.4026	1.4574	1.3787	1.2619	2.2642
C	0.0863	0.0718	0.2615	0.1159	0.0791
C_{random}	0.0176	0.014	0.048	0.0176	0.0244
C/C_{random}	4.9034	5.1285	5.4479	6.5852	3.2418

表 4.2　1998 年我国几个区域电网的网络特征参数

参数	华北电网	东北电网	西北电网	华中电网	南方电网
节点数	261	236	79	231	212
边数	335	309	108	319	283
平均度	2.632	3.13	3.165	3.394	3.349
标度因子	1.7962	2.1414	2.0352	1.9442	2.3644
L	6.8642	7.7429	5.6936	7.3709	8.7242
L_{random}	5.7505	5.7339	4.3441	5.3571	5.4547
L/L_{random}	1.2031	1.3504	1.3107	1.3759	1.5993
C	0.0923	0.0834	0.1933	0.1027	0.1079
C_{random}	0.0101	0.0110	0.0346	0.0120	0.0126
C/C_{random}	9.1386	7.5818	5.5867	8.5583	8.5634

　　表 4.1、表 4.2 所列的网络聚类系数和平均路径长度的数据说明,所统计分析的大区电网具有小世界网络特性。它们具有比较小的平均路径长度,说明任意两个顶点(电站或变电所)都可以经过网络比较方便地连接;具有比较大的聚类系数,说明任意一个顶点附近的顶点集团(团簇)内部的网络连接的完备程度比较高。比较同一个电网的两个时间断面的数据,说明电网经过 1991～1998 年间的建设,网络的结构发展到比较合理的状态,方便于实现各个节点之间的电能输送或调节。

　　图 4.3～图 4.12 分别显示了各区电网 1991 年和 1998 年顶点度分布情况。

图中处在"尾部"的各个数据点相当好地落在双对数平面上的一条直线上,表示这些电网的顶点度分布函数遵从幂律 $P(k) \sim k^{-\gamma}$(相关系数均符合显著性检验)。所以可以肯定这些电网也是一个无标度网。这说明中国电力网在发展过程中也曾(至少是部分地)遵从"富的更富,穷的更穷"的法则,已经具有较多连接(输电)线的站点更容易连接新的连接线。作者在资料中也检索到。

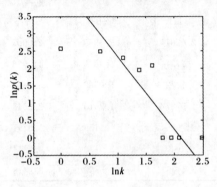
图 4.3　1991 年西北电网顶点度分布

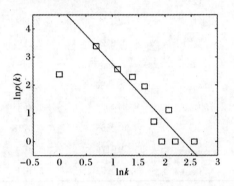
图 4.4　1998 年西北电网顶点度分布

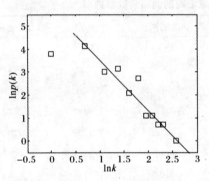
图 4.5　1991 年东北电网顶点度分布

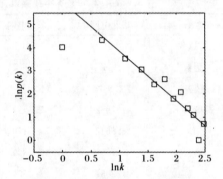
图 4.6　1998 年东北电网顶点度分布

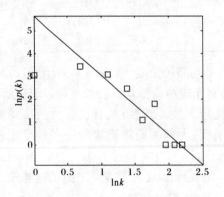
图 4.7　1991 年南方电网顶点度分布

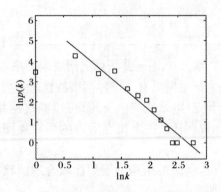
图 4.8　1998 年南方电网顶点度分布

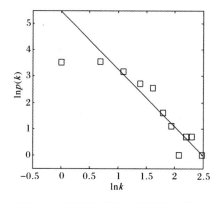

图 4.9　1991 年华中电网顶点度分布

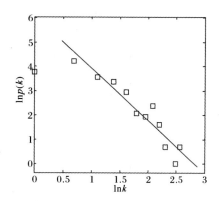

图 4.10　1998 年华中电网顶点度分布

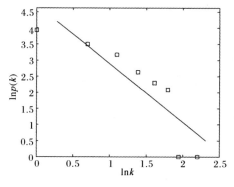

图 4.11　1991 年华北电网顶点度分布

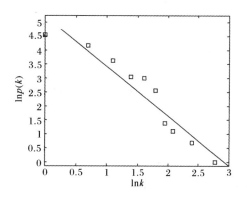

图 4.12　1998 年华北电网顶点度分布

4.3　网络特性对电网自组织临界性的影响分析

根据复杂系统理论,电力系统随着时间的推移将会逐渐演变达到自组织临界状态。在本节中,我们将在上一节统计的几个电网中选择华北电网、东北电网和南方电网对演化过程进行模拟,利用得到的数据分析电网的小世界特性是否会对这种自组织临界性造成影响。在仿真中我们使用了在第 3 章中提出的 SOC-Power Failure 模型。

(1) 采用模型一:电网中各元件的潮流极限固定不变,只考虑负荷增加的影响。图 4.13～图 4.15 是用模型一仿真得到的结果。

以上三个电网的网络参数分别为:华北电网的平均距离 $L=6.8642$、东北电网的平均距离 $L=7.7429$、南方电网的平均距离 $L=8.7242$;华北电网的聚类系数 $C=0.0923$、东北电网的聚类系数 $C=0.0834$、南方电网的聚类系数 $C=0.1079$。

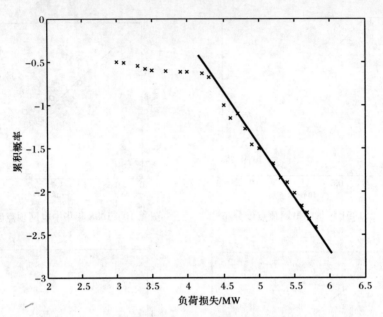

图 4.13　华北电网用模型一仿真得到的故障规模概率分布曲线

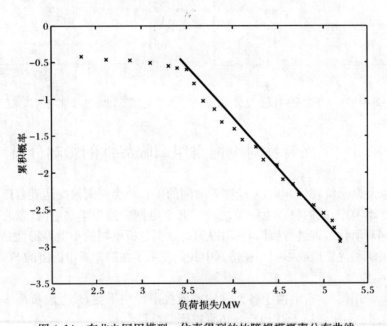

图 4.14　东北电网用模型一仿真得到的故障规模概率分布曲线

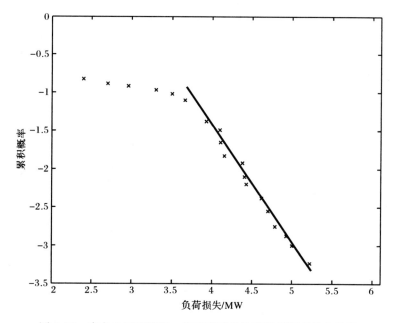

图 4.15　南方电网用模型一仿真得到的故障规模概率分布曲线

这些参数之间的关系为

$$L_{华北电网} < L_{东北电网} < L_{南方电网}$$

$$C_{东北电网} < C_{华北电网} < C_{南方电网}$$

但是这些电网通过仿真计算得到的故障发生的规模和其对应的累积概率之间都呈现出幂律特性,斜率均在 $-1 \sim -2$ 之间。

(2)采用模型二:同时考虑电网中各元件的潮流极限变化和负荷增加两种因素,图 4.16~图 4.18 是用模型二仿真得到的结果。

从图 4.16~图 4.18 可见,在华北、东北和南方三个电网中,用模型二计算得到的故障发生的规模和其对应的累积概率之间都呈现出幂律特性。斜率也在 $-1 \sim -2$ 之间。

综合以上仿真结果,我们可以看出,虽然华北、东北和南方三个电网的平均距离和聚类系数各不相同,但是它们发生大停电的概率都是不能忽略的,它们发生故障的规模分布曲线都呈现幂律分布。通过对电网发展过程的模拟可知,这三个电网在自组织临界演化过程中表现出来的特性也是相似的,其发生故障的风险并没有随着聚类系数的增加而增加。

由此可见,电网中故障的连锁传播是一个非常复杂的过程,其风险大小与大量的因素有关,仅仅用平均距离和聚类系数来判断电网发生停电事故的风险还是远远不够的。

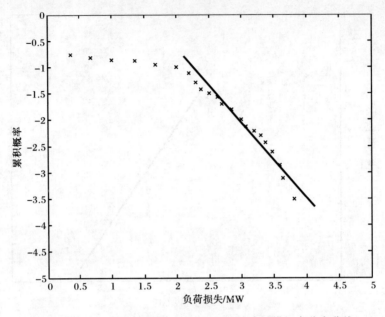

图 4.16　华北电网用模型二仿真得到的故障规模概率分布曲线

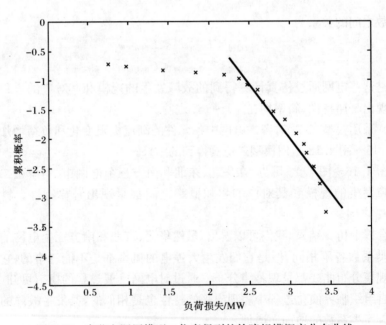

图 4.17　东北电网用模型二仿真得到的故障规模概率分布曲线

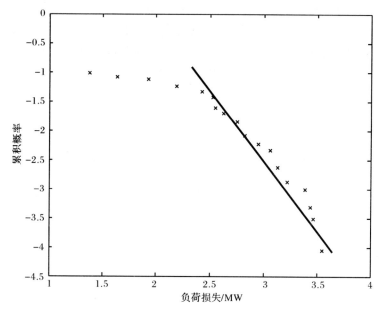

图 4.18　南方电网用模型二仿真得到的故障规模概率分布曲线

4.4　本 章 小 结

本章首先对复杂网络的基本概念进行了简介,对小世界特性网络及无标度网络模型进行了深入的讨论,然后对我国各大区电网 1991 年和 1998 年两个时间断面的数据进行了统计计算。经过计算分析,拓扑统计特性中的网络聚类系数和平均路径长度的数据说明所统计分析的大区电网具有小世界网络特性。它们具有比较小的平均路径长度,说明任意两个顶点(电站或变电所)都可以经过网络比较方便地连接;具有比较大的聚类系数,说明任意一个顶点附近的顶点集团(团簇)内部的网络连接的完备程度比较高。比较同一个电网的两个时间断面的数据,说明电网经过 1991～1998 年间的建设,网络结构的发展更方便于实现各个节点之间的电能输送或调节。

通过对各区电网 1991 年和 1998 年顶点度分布情况统计,表明这些电网的顶点度分布函数遵从幂律 $P(k)\sim k^{-\gamma}$。所以可以肯定这些电网也是一个无标度网。这说明我国电力网在发展过程中也曾(至少是部分地)遵从"富的更富,穷的更穷"的法则,已经具有较多连接(输电)线的站点更容易连接新的连接线。

在本章中,我们选择华北电网、东北电网和南方电网,使用了在第 3 章中提出的 SOC-Power Failure 模型对演化过程进行模拟，利用得到的数据分析了电网的小世界特性是否会对这种自组织临界性造成影响。仿真结果表明，电网中故障的传播是一个非常复杂的过程，其风险大小与大量的因素有关，仅仅用平均距离和聚类系数来判断电网发生大停电事故的风险是不够的。

第5章 基于自组织临界性的电网停电事故风险定量评估方法探讨

随着电网的日益庞大和复杂化,电网对整个社会的作用和影响越来越大。在电力系统取得巨大联网效益的同时,也不得不承受着更大的潜在风险。尤其是随着电力市场化改革的推进,新能源发电的大规模利用,人们所难以控制的不确定因素及其对电网的影响更为深广,使得电力系统的规划、运行、维修和资产管理工作都面临着极大的挑战。因此,电力系统风险研究的重要性越来越显现出来。

电力系统风险评估严格来说应该是电力系统作为整体的性能评估,但由于电力系统的复杂性,又不得不将其分成各个主要的部分来考虑。通常可以分为发电系统、输电系统、配电系统、电气主接线系统等。发电系统风险评估关注的是发电与负荷的平衡关系,并称之为第一层次(hierarchical level 1, HL1)的研究。第二层次(HL2)研究包括发电设备和输电设备,而第三层次(HL3)包括发、输、配、用各环节。当前电力系统风险评估的常用方法是将元件的失效看做是系统失效的根本原因[115],因此它的研究先从确定元件的停运模型开始,元件失效分为独立和相关两类停运,每一类又可进一步按停运模式加以细分,之后用概率卷积、串联和并联网络、状态枚举或蒙特卡洛模拟法选择系统失效状态并计算它们的概率,然后进行失效状态分析,以及评估它们的后果。这些方法在进行第一层次和第二层次的研究时还是可行的,然而由于问题的极端复杂化,第三层次的研究却缺少较好的方法。

本书前几章将自组织临界性理论用于电力系统的大停电事故探讨,研究了电力系统大停电的整体特征和固有特性——自组织临界现象及大停电规模与频率之间呈幂律关系。那么大停电的自组织临界特征能否用于电力系统风险评估呢?带着这个问题,本章将在自组织临界性的框架下研究有别于当前常用的电力系统风险评估的方法,把电力系统的自组织临界性与极值理论结合起来,探索对停电事故风险的定量评估算法,为电力系统建设的决策过程提供理论依据。

5.1 电力系统风险评估与极值理论概述

5.1.1 电力系统风险评估概述

人们在日常生活中经常使用风险一词,但风险的确切含义说法不一。在相关

学科中,风险一般有如下几种说法:

(1) 风险是一种损失的可能性。这表明风险是一种面临损失的可能性状况,是在这个状况下损失发生的概率。当概率是 0 或 1 时,没有风险;当概率介于 0、1 之间时,存在风险。

(2) 风险是一种损失的不确定性。这种不确定性分为客观不确定性和主观不确定性。客观不确定性是实际结果与预期结果的相对差异,它可以用统计学中的方差或标准差来衡量。主观不确定性是人为对客观风险的评估,它同个人的知识、经验、精神和心理状态有关。不同的人面临相同的客观风险,会有不同的主观不确定性。

(3) 风险是一种可能发生的损害。这种损害的幅度与发生损害的可能性大小共同衡量了风险大小。损害的幅度大,并且发生损害的可能性大,风险就大;反之,风险就小。

风险之所以有各种说法,是因为人们面临的具体问题不尽相同,人们对风险概念的理解和描述也不相同。从风险的属性来说,有人主张风险是客观存在的,应该被客观度量;也有人强调风险是因人而异的主观概念。此外,风险还可以附加各种特殊含义,以适应不同领域的应用,如社会风险、政治风险和自然风险等。

电力系统风险的根源在于其行为的概率特征。系统中设备的随机故障往往超出人力所能控制的范围,负荷也总是存在着不确定性,因而不可能对其进行准确预测。当电力系统发生故障、设备误动或人为误操作等扰动时,一些不可预知的不利因素可能先后叠加。虽然人们主动地采取了诸多的防护措施,以减少电网停电大事故的发生,然而正是由于不利因素叠加的不可预知性,就有可能导致局部乃至大面积停电。停电的经济后果不只是电力公司的收入损失或用户的停电损失,还包括造成社会和环境影响的间接损失。简而言之,电力系统风险评估就是对电力系统面临的不确定性因素,给出可能性与严重性的综合度量。风险管理至少涉及以下三个方面:

(1) 实施风险定量评估;

(2) 确定降低风险的措施;

(3) 确认可接受的风险水平[115]。

风险定量评估的目的在于建立表征系统风险的指标,而完整的风险指标不只是概率,而应当是概率与后果的综合。即电力系统的风险评估指标应当不只是辨识失效事件发生的可能性,而且要识别这些事件后果的严重程度,如可能遭受到停电事件的严重程度、发生的频繁程度等。这都是电力系统风险评估应该回答的问题。

当前电力系统的风险评估一般包括四个方面,即确定元件停运模型、选择系统失效状态、评估系统状态后果及计算风险指标。元件停运是系统失效的根本原因,系统风险评估首先要确定元件的停运模型。然后根据元件停运模型,选择系统失效状态,并计算其发生的概率。通常,有两种选择系统状态的方法,即状态枚举法和蒙特卡罗模拟法。接下来是进行系统状态的后果分析。根据所研究的系统和目的的不同,分析过程可以是简单的功率平衡,或者是网络结构的连通性识别,也可以是包括潮流、稳定在内的计算过程。在前三项工作的基础上,即可建立表征系统风险的指标。对于不同的要求,存在多种风险指标。多数指标是以随机变量期望值的形式,来表征元件容量及其停运随机性、负荷曲线及其不确定性、系统结构、运行工况等多种因素在内的电力系统风险。

当前电力系统风险评估的方法主要可划分为确定性评估方法和概率性评估方法二大类。

确定性评估方法是通过事故校验对系统的安全性进行定性评估的方法。这种方法的主要缺点有:①忽略了输入数据的随机性;②只能针对预想故障集,分析系统发生故障的后果,但不能给出事故发生的可能性到底有多大。

概率性评估方法是基于元件概率失效模式,采用概率方法、通过概率指标来评估电力系统的风险。其评估方法主要有两类:状态枚举(即解析法)和模拟法(如蒙特卡洛模拟法)。

解析法的主要优点是:物理概念清楚,可以用较严格的数学模型和一些有效的算法计算概率指标,其缺点是计算量过大。随着系统规模的增大,需要枚举的系统状态呈指数增长,对每一个枚举都进行计算将耗费大量的时间,而且当系统规模变得越来越复杂时,其状态空间的状态数剧增,这必然会造成维数灾难。

蒙特卡洛模拟法又称为随机模拟法,是目前广泛采用的一种方法。它的基本思想是:对于所要求解的问题,首先建立一个概率模型或随机过程,使其参数为问题所要求的解,然后通过对模型或过程的观察或抽样试验来计算所求参数的统计特征,最后给出所求解的近似值。蒙特卡洛模拟法的适应性强,算法及程序结构简单。

在电力系统的长期运行过程中,保存了大量有关停电事件的记录,这些珍贵的资料记录了曾经发生过的停电事件的各种参数。通过对历史数据的统计分析,本书揭示了我国电网大停电规模与频率之间呈幂律关系,验证了我国电力系统大停电具有自组织临界这一特性。而这正是从整体性的角度研究了大停电的固有特性,因此在自组织临界性的框架下研究有别于当前常用的电力系统风险评估的方法,从这些珍贵的资料预测某种程度停电事故发生的可能性,探索对停电事故风险的定量评估算法,是非常有现实意义的。这同时也是我们研究电力系统自组织临界性的一个重要内容。

5.1.2 极值理论概述

极值事件是指很少发生,然而一旦发生会产生极大影响的随机事件[116],如自然界环境中百年不遇的洪水、地震、干旱,这些事件常打破自然界相对平衡状态,对自然界以及人类生活带来重大影响。在社会环境中也有极值现象发生,如经济金融领域中股市价格出现与连续平滑波动完全不成比例的异常变化,这些变化可视为由经济中的某些不寻常情况带来的不正常变化,如突发战争、一国政变、重大政治事件、人为投机等。此类事件的发生造成股市的暴跌、暴涨。保险领域中因异常罕见的自然灾害造成的重大损失索赔等,这些异常事件的发生将对人类社会的经济生活产生重大影响。

随着社会的发展,人们开始对与人类生活熙熙相关的极值事件进行研究。从20世纪30年代初开始,极值统计就在气象、材料强度、洪水、地震等问题研究中得到应用[116]。首先是 Dodd[117]、Frechet[118]、Fisher 和 Tippett[119] 开始对极值理论进行研究,Ficher 和 Tippett 证明了极值极限分布的三大类型定理,为极值理论的发展研究奠定了基石。随后,Mices 及 Gnedenko 对极值理论进行了进一步研究,Gnedenko 给出了三大类型定理的严格证明及三大类极限分布存在充要条件[120]。Haan 针对吸引场问题给出了完整结论[121]。Weibull 最先强调了极值概念在材料强度判断中的重要性[122,123]。Gumbel 的著作反映了极值概率模型的统计应用成果,系统地归纳了一维极值理论,主要研究变量最大值(或最小值)分布。因为人们很难获得极值的精确分布,所以通常利用经验数据拟合极值分布,对极值渐近分布进行研究。理论研究结果表明,极值分布(extreme value distribution)可以对最大(小)值分布进行很好的描述,即可以用 Frechet、Gumbel、Weibull 分布对此类随机变量进行拟合研究[122]。此后,极值理论有了进一步发展,Jenkinson 把该理论应用于极值风险研究,研究了广义极值分布(generalized extreme value distribution)模型,进一步完善了一维极值分布模型。Pickands 证明了经典极限定理,为80年代、90年代完善建模作出了巨大贡献[116]。可以说,极值理论是数学在近代工程、环境及风险管理问题应用中取得成功的重要例子之一。极值理论已发展成为应用科学中一种非常重要的统计方法,在许多领域都有广泛的应用。

例如,在有关水文、气象、地震等灾害的防治工作中,作为防治工程设计的依据,在工程设计基准期内会出现的外荷载效应的最大值是必须考虑的。如使用寿命期内作用在某建筑物上的最大风速影响;环境工程、空气污染、海洋工程建筑中波高推算研究。结构工程和材料强度设计,也考虑极值风速载荷对建筑结构的影响,当设计载荷较小时,可能产生结构塌陷,损坏;反之,载荷较大时,导致财力、物力、人力资源的浪费。这种由自然现象所产生的随机荷载的极限值往往是人们无法准确预计的,但最大值仍具有某种规律可循。利用极值理论可以很好地推算最大载荷分布特性,对极值风速、载荷、地震的估算为安全经济的结构设计提供重要依据。在海洋气候环境中,各种海洋工程项目经常面临海浪波高、波期、风速荷载的共同作用。在设计中,就要考虑工程寿命期限内多元变量极值荷载作用。在水利工程中,极值理论的应用也发挥了很大作用,用于研究防洪、大坝工程的设计[127~131]。

在本书的第 2 章中,根据统计数据计算表明,从全国电网整体分布到按区域电网的分布都呈现出电网事故的幂律特性,即停电事故大小和停电次数的关系。这就使我们能够根据极值理论,利用多年来电力系统记录下来的停电事故数据去预测将来某种规模停电事故发生的可能性,即进行停电事故风险的定量评估算法,为电力系统规划建设提供决策依据。

5.2　极 值 分 布

5.2.1　极值统计方法

极值理论(extreme value theory)是次序统计理论的一个分支,是处理一定样本容量极端值分布特性的理论。其有关的定义与假设如下[116,131]：

假设 $X_1, X_2, X_3, \cdots, X_n, \cdots$ 是独立同分布随机变量序列,$F(x)$ 是 X_i 的概率分布函数。对于自然数 n,令 $Y_n = \max\{X_1, X_2, \cdots, X_n\}$ 表示 n 个随机变量的最大值。

在实际中,X_i 通常表示在一定的时间单位内,某一过程的取值。例如,洪水每小时的高度,每天的平均气温,金融资产的日、周、月收益率,巨灾保险的索赔数量等。因此 Y_n 表示这个过程中 n 个时间段内的最大值。如果单位时间长度为一年,Y_n 就表示年最大。理论上,Y_n 可以通过 X_i 的分布函数准确地求出。

$$\begin{aligned} \Pr\{Y_n \leqslant x\} &= \Pr\{X_1 \leqslant x, X_2 \leqslant x, \cdots, X_n \leqslant x\} \\ &= \Pr\{X_1 \leqslant x\} \times \Pr\{X_2 \leqslant x\} \times \cdots \times \Pr\{X_n \leqslant x\} \\ &= \{F(X)\}^n \end{aligned} \tag{5.1}$$

然而,在实际中,分布函数 F 往往是未知的,因此很难直接用于统计分析。一种可行的方法是基于 F^n,考虑 F^n 的渐近模型,其原理和中心极限定理完全一样。现在我们来考察当 $n \to \infty$ 时 F^n 的特征。若记

$$x_+ = \sup\{x : F(x) < 1\}$$

称 x_+ 为 F 的上端点,则对任意 $x < x_+$,当 $n \to \infty$ 时 $F^n(x) \to 0$,因此,Y_n 是退化分布。根据 Fisher-Tippett 的极值类型定理[116],为了找到其极限分布,需要对 Y_n 进行标准化 $\dfrac{Y_n - b_n}{a_n}$,使得标准后的极限分布不再是退化分布。

当进行标准化后，无论样本数据的最初分布是哪一种，把当 n 变得很大或 $n \to \infty$ 时，$F_{Y_n}(y)$ 极限的渐近分布有以下三种形式：

Gumbel 分布（Ⅰ型）

$$G_{\mathrm{I}}(x) = \exp\{-\exp[\alpha(x-\mu)]\}$$

式中，$-\infty < x < +\infty$；$\alpha > 0$，是极值强度函数；μ 是特征最大值。

Frechet 分布（Ⅱ型）

$$G_{\mathrm{II}}(x) = \exp\left[-\left(\frac{\mu-\alpha}{x-\alpha}\right)k\right]$$

式中，$\alpha < x < +\infty$；$\mu > \alpha \geqslant 0$；$k > 0$，为形状参数；α 是极值下限；μ 是特征最大值。

Weibull 分布（Ⅲ型）

$$G_{\mathrm{III}}(x) = \exp\left[-\left(\frac{b-x}{b-\mu}\right)k\right]$$

式中，$-\infty < x < b$；$k > 0$，为形状参数；b 是极值上限；$\mu < b$，是特征最大值。

在实际应用中，可利用 von Mises 准则判定极限的渐近分布形式。对于极大值的分布准则为

准则Ⅰ　收敛于Ⅰ型渐近分布

$$\lim_{x \to \infty} \frac{\mathrm{d}}{\mathrm{d}x}\left[\frac{1}{h_n(x)}\right] - 0$$

准则Ⅱ　收敛于Ⅱ型渐近分布

$$\lim_{x \to \infty} x h_n(x) = k, \quad k > 0 \text{ 为常数}$$

准则Ⅲ　收敛于Ⅲ型渐近分布

$$F_x(\omega) = 1, \quad \omega \text{ 为上限}$$

$$\lim_{x \to \infty} (x-\omega) h_n(x) = k, \quad k > 0 \text{ 为常数}$$

在准则中，$h_n(x)$ 是指在时间 $(0,t)$ 内无失效的情况下，在 $(t, t+\mathrm{d}t)$ 内失效的条件概率将涉及的灾害函数。对于极大值的灾害函数为

$$h_n(x) = \frac{f_x(x)}{1-F_x(x)}$$

式中，$F_x(x)$ 为极限分布函数；$f_x(x)$ 为概率密度函数。

5.2.2　电网事故幂律特征下的极值分布

我们在电网事故的 SOC 研究中，事故损失的频度 N 与标度 r 之间的幂律关系为 $N = cr^{-D}$。假设在所统计资料中，标度的最大值和最小值为 $r_{\max}$ 和 $r_{\min}$。设 $X = \ln r$，则

$$N = ce^{-DX}$$

式中，$X \geqslant X_{\min}$，$X_{\min} = \ln(r_{\min})$，一般可取为 0。由频度代替概率的思想，得出 X 的

分布函数为

$$F(x) = P(X \leqslant x)$$

$$= \frac{\int_{X_{min}}^{x} c\mathrm{e}^{-DX}\mathrm{d}X}{\int_{X_{min}}^{\infty} c\mathrm{e}^{-DX}\mathrm{d}X}$$

$$= 1 - \mathrm{e}^{-D(x - X_{min})} \tag{5.2}$$

概率密度函数为

$$f_x(x) = F'(x) = D\mathrm{e}^{-D(x - X_{min})}$$

则灾害函数为

$$h_n(x) = \frac{f_x(x)}{1 - F_x(x)} = \frac{D\mathrm{e}^{-D(x - X_{min})}}{1 - [1 - \mathrm{e}^{-D(x - X_{min})}]} = D$$

将灾害函数代入 von Mises 准则,得

$$\lim_{x \to \infty} \frac{\mathrm{d}}{\mathrm{d}x}\left[\frac{1}{h_n(x)}\right] = 0$$

故可判定式(5.2)其极值分布的极限形式为收敛于 Ⅰ 型的渐近分布,即成幂律分布的电网事故极值分布的极限收敛于 Ⅰ 型渐近分布。进而推出极大值的极限分布为

$$G(x) = \exp\{-\exp[-\alpha(x - \mu)]\} \tag{5.3}$$

式(5.3)中的常数 α、μ 采用如下方法确定:设有 n 个单位时间(如 n 年)的观测资料,在每个单位时间内选取一个负荷损失最大的事故,损失的负荷为 x_j($j = 1$, $2, \cdots, n$),把 x_j 升序排列:

$$x_1 \leqslant x_2 \leqslant \cdots, x_j \leqslant, \cdots, \leqslant x_n$$

x_j 是一个随机变量,它的分布函数 $G(x_j)$ 也是一个随机变量,可以证明 $G(x_j)$ 的数学期望值为 $j/(n+1)$,用它代替 $G(x)$,对式(5.3)的两边取两次对数得

$$-\ln\left(-\ln\frac{j}{n+1}\right) = \alpha(x_j - \mu) \tag{5.4}$$

由 n 个观测值可以得到 n 个线性方程,用最小二乘法即可以求出 α、μ。

当得到 α、μ 后,就可以进一步推导出与电网事故有关的计算公式,如 T 年内损失负荷对数大于或等于 $M = \ln(r)$ 的电网事故发生概率为

$$P(M) = 1 - \exp\{-T\exp[-\alpha(M - \mu)]\} \tag{5.5}$$

在任意给定年期间,超过给定损失负荷对数 $M = \ln(r)$ 的概率为

$$P\{x \geqslant M\} = 1 - G(M) \tag{5.6}$$

另外,按已规定的时间 T 和概率 p,可以求得损失负荷对数 M_{max} 的最大值。由

$$1 - \exp\{-T\exp[-\alpha(M_{max} - \mu)]\} = p$$

可解得

$$M_{\max} = \mu - \frac{1}{\alpha} \ln\left[-\frac{1}{T}\ln(1-p)\right] \tag{5.7}$$

取指数得损失负荷的最大值为

$$r_{\max} = \exp(M_{\max}) \tag{5.8}$$

5.2.3 实例计算

（1）利用 SOC-Power Failure 模型一对东北电网进行仿真所产生的故障时间序列（图 3.7）进行事故损失负荷的极值分析。

在图 3.7 中有 100 次事故，经历了 1046 次故障扰动，事故频度 N 与标度 r 之间的幂律关系为 $\lg N = 5.8359 - 1.615 \lg r$。以每 50 次故障扰动为一个时间单位，每个时间单位选取一个最大的事故损失负荷数代入式（5.4）得到 21 个线性方程，用最小二乘法得：$\alpha = 1.8989$，$\mu = 6.6727$。

利用式（5.5）可求得在 T 个时间单位内损失负荷对数大于或等于 $M_{\max}$ 的电网事故发生概率如表 5.1 所示。

表 5.1　T 个时间单位内损失负荷对数大于或等于 $M_{\max}$ 的电网事故发生概率

	$T=5$	$T=10$	$T=20$
发生概率	0.1907	0.3450	0.5709

利用式（5.7）和式（5.8）可求得在规定的时间 T 和概率 p，可能发生电网事故的损失负荷数如表 5.2 所示。

表 5.2　在规定的时间 T 和概率 p，可能发生电网事故的损失负荷数　　（单位：MW）

p	$T=5$	$T=10$	$T=20$
0.3	3175	4574	6589
0.5	2237	3223	4644
0.7	1673	2410	3472

（2）利用东北电网和西北电网的历史事故数据（1982～2000 年）进行事故损失负荷的极值分析。

在第 2 章中已经求出了东北电网频度 N 与标度 r 之间的幂律关系为 $\lg N = 3.309 - 1.0412 \lg r$；西北电网为 $\lg N = 3.369 - 1.0253 \lg r$。在进行极值分析时，以年为单位，每年选取一个最大的事故损失负荷数代入式（5.4）。用最小二乘法即可以求出 α、μ。东北电网 $\alpha = 1.3424$，$\mu = 5.0773$；西北电网 $\alpha = 1.1989$，$\mu = 4.9128$。采用前面推出的式（5.5）～式（5.8），可分别计算得出表 5.3、表 5.4 的结果。

表 5.3　T 年内损失负荷对数大于或等于 M_{max} 的电网事故发生概率

电网	$T=5$	$T=10$	$T=20$
东北	0.468	0.7178	0.8501
西北	0.5421	0.7903	0.9040

表 5.4　在规定的时间 T 和概率 p，可能发生电网事故的损失负荷数（单位：MW）

电网	p	$T=5$	$T=10$	$T=20$
东北	0.3	1146	1920	3219
	0.5	698	1171	1962
	0.7	463	776	1300
西北	0.3	1230	2193	3910
	0.5	706	1260	2246
	0.7	446	795	1417

从表 5.1 和表 5.3 所示的结果可以得出以下两点结论：

第一，大停电事故发生的概率与所考虑的年限及损失负荷数有关，考虑的时限越长，发生停电事故的概率值就越大。

例如，当采用 SOC-Power Failure 模型一的仿真模型数据时，在未来 5 个时间单位内出现大于历史最大规模电网事故的概率为 0.1907，在未来 20 个时间单位内出现大于历史最大规模电网事故的概率为 0.5709；当采用历史数据时，东北电网未来 5 年内出现大于历史最大规模电网事故的概率为 0.468，西北电网的概率为 0.5421。随着时间的延长，这一概率会越来越大。

第二，在相同的发生概率下，事故的规模越大，其发生所需的预期时限越长。

例如，当采用 SOC-Power Failure 模型一的仿真模型数据时，当概率为 0.3 时，出现规模为 3175MW 的电网事故需未来 5 个时间单位，出现规模为 4574MW 的电网事故需未来 10 个时间单位；当采用历史数据时，当概率为 0.3 时，东北电网出现规模为 1146MW 的电网事故需未来 5 年，出现规模为 1920MW 的电网事故需未来 10 年的时间。

5.3　本章小结

风险定量评估是风险管理中的一个重要的内容，本章在自组织临界性的框架下研究有别于当前常用的电力系统风险评估的方法，把电力系统的自组织临界性与极值理论结合起来，探索了对停电事故风险的定量评估算法。

首先简述了极值理论的基本原理，推导出了成幂律分布的电网事故极值分布的极限收敛于Ⅰ型渐近分布,结合实际的电网资料提出了停电事故风险的定量评估方法。这将为电力系统规划建设提供决策依据,并展示电力系统自组织临界性的一个重要的应用前景。

应当指出的是,由于资料有限,作者对国内电网事故的统计还不完善(主要数据来自参考文献[81]～[87]),本章所给出的计算结果仅为示范,其所具有的参考价值还有待于进一步的去验证。而且当前对电网 SOC 特性的研究工作仅仅是处于起步阶段,还有大量的问题需要去研究和探讨。

第6章 降低大停电事故期望值的控制方法

6.1 引 言

把复杂性理论引入大停电事故的研究的目的是掌握电力系统停电事故的整体规律,但如何应用这些规律是国内外的专家未曾解决的难题。降低大停电事故的期望值,其本质的控制对象是电力系统这个复杂系统,降低未来将要发生的故障序列的期望值,但是关于复杂系统的控制理论并不成熟[132~134]。

本章对降低故障序列期望值的控制方法进行了探索,首先提出区域均衡性指标。区域均衡性指标既可指示系统的停电风险,也可以作为均衡性控制的目标。降低长程时间下停电事故的期望值在以往的研究中关注得不多,而这正是本书的重点研究方向。由于复杂系统难以用完整的数学模型描述,经典控制理论和基于状态空间描述的理论方法应用起来非常困难。因此设计控制器时可以采用数学模型和专家知识系统相结合的设计方法,本书在控制中设计了区域均衡性控制规则就是来自专家知识系统[135~138]。

针对复杂系统的控制具有双重效应,控制规则作用于系统的同时会对系统的状态产生不确定的影响。为了研究控制规则对故障序列期望值的影响,可以通过仿真检验控制措施对故障序列的影响。本书在直流潮流模型的基础上设计了区域均衡性控制。尽量模拟在事故初期及时采取措施阻止事故扩散,降低长期停电事故的期望值。具体方法是对潮流进行优化调整,当区域均衡性指标越限时启动控制规则,找到对区域潮流贡献最大的负荷,并在负荷切除量最小的目标函数下调整电力系统的负荷及发电量,使区域均衡性指标回归至限值以内。仿真结果发现,采用均衡性指标控制可降低电力系统故障序列的期望值[139~145]。

6.2 降低故障规模期望值的数学基础

6.2.1 事故序列分析

电力系统的事故序列从时间轴上看是一个随机过程,经过统计发现,我国电力系统停电事故序列归一化之后可以用幂律随机过程描述而且具有稳定的期望值。电力系统存在的随机因素包括引发停电事故的随机故障、负荷的随机波动、风力发电中风速的随机变化、原动机扭矩的随机振动、控制回路的测量噪声等。这些随机因素作为随机变量不能用已知的时间函数描述,而只能通过统计特性描述。

把 $X(t)$,$t \in T$ 称为 T 上的一个随机过程,参数 t 表示时间变量或者空间变量。当指标集 T 是有限的或者可列无限时,$X(t)$ 是离散的随机过程;当指标集 T 是一个有限或者无限区间时,$X(t)$ 称为连续的随机过程。电力系统常用到的随机过程有独立随机过程、正态随机过程与独立增量过程[146,147]。

例如,对于随机过程 $\{\xi(t),t \in T\}$,若 $\forall n \geqslant 1$ 和 $t_1,\cdots,t_n,t_i \in T,i = 1,2,\cdots,$ n,随机变量 $\{\xi(t_1),\xi(t_1),\cdots,\xi(t_n)\}$ 是相互独立的,或者随机过程 $\{\xi(t),t \in T\}$ 的 n 维分布可以表示为 $F(\xi_1,\xi_2,\cdots,\xi_n;t_1,t_2,\cdots,t_n) = \prod\limits_{i=1}^{n} F(x_i), n = 2,3,\cdots,$ 则称 $\{\xi(t),t \in T\}$ 为独立随机过程。对于 n 充分大的情况,n 维分布函数族能近似地描述随机过程的统计特性。显然,n 取得越大,n 维分布函数族描述随机过程特性也越完善。一般情况下可以认为,$\{F(\xi_1,\xi_2,\cdots,\xi_n;t_1,t_2,\cdots,t_n),n = 1,2,\cdots,t_i \in T\}$ 完全确定了随机过程的统计特性。

电力系统的故障序列可以表达为幂律随机过程。定义幂律随机过程如下:

定义 6.1 设 $F(\xi_1,\xi_2,\cdots,\xi_n;t_1,t_2,\cdots,t_n),t_i \in T$ 为随机过程的 n 维分布函数族,对于随机过程 $\{\xi(t),t \in T\}$,若 $\forall n \geqslant 1$ 和 $t_1,\cdots,t_n,t_i \in T,i=1,2,\cdots,n$,随机变量 $\{\xi(t_1),\xi(t_1),\cdots,\xi(t_n)\}$ 的联合概率分布为 n 维幂律分布,即概率密度函数具有 $\lg f(x) = a - b\lg x$ 的形式,则称 $\{\xi(t),t \in T\}$ 为幂律随机过程。

电力系统的故障序列具有马尔科夫性,即系统在时刻 t_0 所处的状态为已知的条件下,过程在时刻 $t > t_0$ 所处状态的条件分布与过程在时刻 t_0 之前所处的状态无关。对故障数据来说,下一次的故障规模与 t 时刻前的系统状态无关。例如,每次发生停电事故后会针对故障区域进行扩容改造,而且电力系统作为一个耗散系统通过停电事故释放能量。发生耗散事故后整个系统的状态与 t 时刻相比发生了变化,下一时刻的系统演化与之前的系统状态无关。

用分布函数来表述马尔科夫性,可设随机过程 $\{X(t),t \in T\}$ 的状态空间为 I,如果对于 $t_i \in T$,有 $X(t_i)=x_i,x_i \in I,i=1,2,\cdots,n-1$ 下 $X(t_n)$ 的条件分布函数等于 $X(t_{n-1})=x_{n-1}$ 下 $X(t_n)$ 的条件分布,即

$$P\{X(t_n) \leqslant x_n \mid X(t_1) = x_1,X(t_2) = x_2,\cdots,X(t_{n-1}) = x_{n-1}\}$$
$$= P\{X(t_n) \leqslant x_n \mid X(t_{n-1}) = x_{n-1},X_n \in \mathbf{R}\} \qquad (6.1)$$
$$F\{x_n,t_n \mid x_{n-1},t_{n-1};x_{n-2},t_{n-2};\cdots;x_1,t_1\} = F\{x_n,t_n \mid x_{n-1},t_{n-1}\}$$

定义 6.2 对于 $t_i \in T$ 和 $t_i + \tau \in T,i=1,2,\cdots,k$ 的所有 τ,$g(t_1),g(t_2),\cdots,$ $g(t_k)$ 的分布等于 $g(t_1+\tau),g(t_2+\tau),\cdots,g(t_k+\tau)$ 的分布,则随机过程 $\{g(t),t \in T\}$ 称为平稳随机过程。平稳随机过程的统计性质不依赖于时间的绝对原点。若

它的统计特性依赖于时间的绝对原点(即时变的),则是非平稳随机过程。

电力系统的大停电的规模与频率满足幂律关系,这一点从国内外的事故统计中已得到了验证。但是电力系统的规模在不断发展,故障规模也在不断增加。虽然现有统计数据的时间跨度还不长,但是也必须考虑停电故障规模与系统规模的增长,有必要消除系统增长对幂律分布的影响。

为了把 1981~2000 年的全国停电数据归一化,本书用 $M=$ 故障规模/系统规模描述停电故障。由于每次故障发生时的系统规模很难统计,系统规模采用的取值是每年电力系统的总装机容量。统计结果如图 6.1 所示。

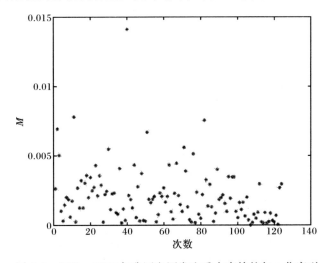

图 6.1　1981~2002 年我国电网发生重大事故的归一化序列

表 6.1　1981~2002 年我国电网归一化分段统计

故障规模/系统规模	故障次数	故障规模/系统规模	故障次数	故障规模/系统规模	故障次数
0~0.002	71	0.004~0.006	10	>0.008	1
0.002~0.004	38	0.006~0.008	4		

对表 6.1 所示的数据进行统计检验,这两组参数求对数之后的相关系数为 $\rho_{xy}=-0.9188$,在显著性水平 0.05 样本个数为 5,按自由度 $f=n-2=3$,查相关系数显著性检验表得到临界值 $R_{0.05}=0.878$。$|\rho_{xy}|>0.878$ 说明在双对数坐标下的停电规模与次数线性关系显著,幂律分布有效。这说明我国停电事故归一化之后的事故序列是一个满足幂律分布的平稳随机过程,在双对数坐标下的幂律分布图如图 6.2 所示。虽然客观实际中不存在平稳随机过程,但有些实际情况在观测期间没有明显的变化,可以假定过程是平稳的。这个平稳随机过程的特征参数能够反映电力网络的整体特性,而这种整体特性是由电力系统的规划模式及发展特

征决定的。

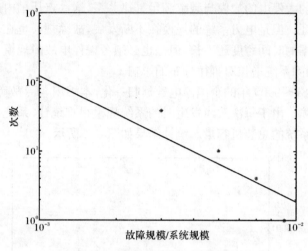

图 6.2　双对数坐标下的故障分布

在双对数坐标上用最小二乘法对数据进行数据拟合得

$$y = 10^{-3.3518} x^{-1.8123} \tag{6.2}$$

电网的故障序列构成了平稳的幂律随机过程

$$G(t), t \in T, T = \{1, 2, 3, 4, \cdots\}$$

而且此平稳随机过程 $G(t)$ 具有各态历经性,即计算适当长的时间平均值即可求得随机过程的统计平均。实际提供的样本不是整个样本函数,而是样本函数的一部分长期观测结果,因此根据各态历经性和满足幂律随机过程的归一化停电事故序列数学期望值可以表达为

$$E\{G(t)\} = \lim_{K \to \infty} \frac{1}{K} \sum_{k=1}^{K} G(k) \tag{6.3}$$

现实中的随机过程可以是平稳随机过程与非平稳随机过程的叠加,如停电故障序列 $W(t)$ 可以看做独立增量过程 $\lambda(t)$ 和归一化之后的平稳随机过程 $G(t)$ 的叠加,为随机控制研究提供了理论基础。

6.2.2　控制措施的作用

从控制的角度来看,当电力系统包含不确定性因素时是无法通过观测来完全确定系统的状态,只能最大限度地排除干扰,得到最接近系统状态的信号。近些年来,随机控制理论的研究主要集中在非线性滤波、随机极大值原理、随机最优控制等方面,这几类控制方法并不能直接应用于降低电力系统故障期望值的控制中。电力系统故障量所构成的故障序列是一个离散的随机过程,以改变这个故障序列期望为目标的控制仍属于随机控制的范畴,但是需要在现有的随机控制理论基础上进行更深入的研究。

长程时间下电力系统的故障序列可以用 $X(t)$ 表达,$t \in T, T = \{1, 2, 3, 4, \cdots\}$。由于故障序列满足幂率分布,$X_1(t)$ 概率密度函数可以列为

$$f_1(x) = \begin{cases} a_1 \cdot x^{b_1} & 0 < x < M, b_1 < 0 \\ 0 & \text{其他} \end{cases} \tag{6.4}$$

加入控制规则 $U(t)$ 后,$U(t)$ 对电力系统的作用使得原故障序列 $X_1(t)$ 变成了一个新的随机过程 $X_2(t)$

$$X_2(t) = X_1(t) * U(t)$$

假设加入控制规则后故障序列 $X_2(t)$ 的概率密度函数

$$f_2(x) = \begin{cases} a_2 \cdot x^{b_2} & 0 < x < M, b_2 < 0 \\ 0 & \text{其他} \end{cases} \qquad t \in T, T = \{1, 2, 3, \cdots\} \tag{6.5}$$

对 $X_1(t)$ 和 $X_2(t)$ 求数学期望值得

$$E(X_1) = \int_0^M x_1 \cdot a_1 x_1^{b_1} \, dx = \frac{a_1}{b_1 + 2} x_1^{b_1 + 2} \Big|_0^M = \frac{a_1}{b_1 + 2} M^{b_1 + 2} \tag{6.6}$$

$$E(X_2) = \int_0^M x_2 \cdot a_2 x_2^{b_2} \, dx = \frac{a_2}{b_2 + 2} x_2^{b_2 + 2} \Big|_0^M = \frac{a_2}{b_2 + 2} M^{b_2 + 2} \tag{6.7}$$

有

$$\frac{E(X_1)}{E(X_2)} = \frac{\dfrac{a_2}{b_2 + 2} M^{b_2 + 2}}{\dfrac{a_1}{b_1 + 2} M^{b_1 + 2}} = \frac{a_2(b_1 + 2)}{a_1(b_2 + 2)} M^{(b_2 - b_1)} \tag{6.8}$$

当 M 足够大时,如果 $b_2 < b_1$ 有

$$E(X_2) < E(X_1)$$

从而通过控制规则 $U(t)$ 能够使长程时间下的故障期望值降低,在本章也通过仿真验证了这一结论。针对随机过程的控制 $U(t)$ 具有双重效应,一方面使得系统向希望的状态变化,另一方面控制措施带来的变化会对系统产生不确定性的影响。控制措施 $U(t)$ 中的参数不合适也达不到预期的效果。因此需要通过仿真验证控制措施是否合理并寻找控制措施中的合理参数。

把各项随机因素和控制措施加入电力系统的状态方程能建立故障序列解析表达式,但是这个表达式的未知因素较多而且求解困难。

6.2.3　期望值控制

以往电力系统中的随机控制应用主要是针对实际问题中不确定性因素,通过滤波或者优化控制达到减小或消除其不利的影响,在给定系统和目标函数的情况

下求使得目标函数最大或者最小的控制率。但是进行随机最优化的计算需要系统的全部状态已知或者假设全部状态已知,这些条件很难满足。

　　本书提出的期望值控制的控制对象是停电事故序列,并把事故序列作为一个随机过程进行分析。引发停电事故的不确定因素定义为随机扰动,并用概率密度函数描述其特征。这些随机因素有些具有已知的概率分布,或者概率分布未知而已知均值、方差等特征量。

　　由于随机故障和故障发生后随机因素对电力系统停电序列存在负面影响,期望值控制的策略主要是预防事故以及在事故发生的初期防止故障规模扩大。电网规划中已要求电力系统满足 $N-1$ 的条件,并且电网运行中有各种保护控制设备能消除一部分随机故障的影响。从阻断故障传播的角度考虑,在大停电事故发生的初期相继故障的间隔时间较长,在这间隔内调度人员及时采取控制措施可以阻止故障的传播,减小故障损失。而且电网遇到较严重的扰动时,传递的信息可能不完备。此时应利用尽可能少的信息在短时间内采用具体的控制规则减少故障传递。

　　1981~2000 年我国电网停电事故的累计平均走势如图 6.3 所示。横坐标表示时间,纵坐标表示累计年平均故障损失,可以看出停电事故的规模的随时间增长。

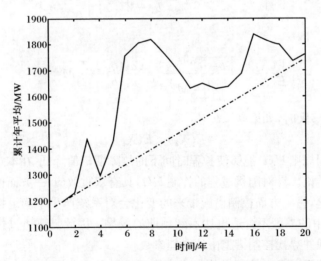

图 6.3　1981~2000 年全国停电事故累计年平均走势图

　　长程时间下电力系统的故障序列可以表达为

$$W(t) = a_0 \cdot e^{\lambda(t)} \cdot G(t), \quad t \in T, T = \{1,2,3,4,\cdots\} \tag{6.9}$$

式中,$W(t)$ 表示故障大小;a_0 表示系统的初始规模;$\lambda(t)$ 是一个独立增量过程,描述系统的规模变化;$G(t)$ 是归一化处理后的故障序列,一个满足幂律分布的平稳随机过程,由故障规模与系统规模的比值计算得到。即对于 $t_i \in T$ 和 $t_i + \tau \in T$, $i = 1, 2, \cdots, k$ 的所有 $\tau, g(t_1), g(t_2), \cdots, g(t_k)$ 的分布等于 $g(t_1 + \tau), g(t_2 + \tau), \cdots, g(t_k + \tau)$ 的分布。因此 $G(t)$ 满足

$$E\{G(t)\} = \text{const} \tag{6.10}$$

此平稳随机过程具有各态历经性,即计算适当长的时间平均值即可求得随机过程的统计平均。因此故障序列的数学期望可以通过统计长度为 T 的故障序列平均值得到

$$E\{G(t)\} = \overline{G(t)} = (1/T) \sum_{t=1}^{T} G(t) \tag{6.11}$$

控制规则 $U(t)$ 对电力系统的作用也可以理解为在原故障序列 $G(t)$ 上叠加了一个新的随机过程 $Y(t)$

$$G'(t) = G(t) \cdot Y(t) \tag{6.12}$$

$$E\{G'(t)\} = \overline{G'(t)} = (1/T) \sum_{t=1}^{T} G'(t) \tag{6.13}$$

控制措施对电力系统的作用使得故障序列变成

$$W'(t) = a_0 \cdot e^{\lambda(t)} \cdot G'(t) \tag{6.14}$$

经过分段统计及拟合可得到 $G(t)$ 的概率密度表达式

$$f(x) = \begin{cases} a \cdot x^{-b} & x > 0 \\ 0 & \text{其他} \end{cases} \tag{6.15}$$

式中,x 代表停电事故规模;a、b 为常量。

$$E(G(t)) = \int_0^\infty x \cdot f(x) \mathrm{d}x = \int_0^\infty x \cdot a \cdot x^{-b} \mathrm{d}x \tag{6.16}$$

$$E(W(t)) = a_0 \cdot E(e^{\lambda(t)}) \cdot \int_0^\infty x \cdot f(x) \mathrm{d}x = a_0 \cdot E(e^{\lambda(t)}) \cdot \int_0^\infty x \cdot a \cdot x^{-b} \mathrm{d}x \tag{6.17}$$

停电序列是一个离散随机过程,因此 $W(t)$ 的数学期望满足

$$E\{W(t)\} = \lim_{K \to \infty} \frac{1}{K} \sum_{k=1}^{K} W(k) \tag{6.18}$$

控制措施的目标是使得 $E\{W'(t)\} < E\{W(t)\}$ 成立。从图 6.4 也可以看出,指数分布、高斯分布和幂律分布的小故障部分差别不大,主要差别在于故障规模趋近于无穷大时对应的事故风险不一样。停电事故的概率密度满足幂律规律时,$\lim_{x \to \infty} E(Loss) = \lim_{x \to \infty} kx^{1-b} \neq 0$,如果控制规则破坏了停电事故的幂律分布形成指数分布或者高斯分布,即能达到大事故的期望值为 0,$\lim_{x \to \infty} E(Loss) = 0$,从而降低故障期望值。

如果控制规则增加了幂律分布的斜率,将降低 $\lim_{x \to \infty} E(Loss) = \lim_{x \to \infty} kx^{1-b}$ 的值,同

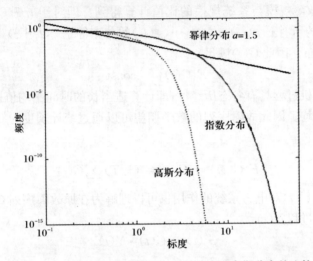

图 6.4　双对数坐标下幂律分布、指数分布和高斯分布的比较

时减少大型事故发生的风险。考虑到电力系统对小事故的鲁棒性较好,因此增加幂律分布的斜率对电力系统预防和抑制大停电也是有利的。

因此期望值控制是利用一定的控制代价破坏大型事故发生的条件,以达到改善停电事故的分布和降低事故的数学期望的目标。

6.2.4　电力系统随机微分方程

研究控制规则对电力系统的影响,需要用到随机微分方程来具体说明。电力系统是一个复杂系统,但仍可以用随机微分方程描述。如果忽略系统中的随机因素,电力系统的状态方程即为确定性的。确定性的微分方程在工程问题中的应用比较多,但是随机性的微分方程则在 1902 年 Gibbs 在统计力学的研究中第一次提出,直到 1970 年后随机微分方程的理论才有了较多的研究。

随机微分方程定义为包含随机元素的微分方程,本书的定义如下:

$$\frac{\mathrm{d}x_i(t)}{\mathrm{d}t} = f_i[x_1(t),\cdots,x_n(t);y_1(t),\cdots,y_m(t);t], \quad i=1,2,\cdots,n \quad (6.19)$$

$$x_i(t_0)=x_{i0}$$

式中,$y_j(t),j=1,2,\cdots,m$,是随机过程;$x_{i0},i=1,2,\cdots,n$,可以是随机变量,也可以是确定性的常数。

随机微分方程可以分为三类,最简单的一类随机微分方程只有初始值 x_{i0},是随机的,在工程力学、化学动力学等领域出现的比较多。例如,在空间弹道分析中,飞行期间存在扰动时描述下一级弹道入轨的初始条件就是随机的,弹道分析是一个具有随机初值的问题。

第二类随机微分方程的随机元素出现在方程的非齐次项 $R(t)$ 或者输入项

$$\dot{X}(t) = f(X(t), t) + R(t) \quad t \in T = [t_0, a]$$
$$X(t_0) = X_0 \tag{6.20}$$

例如,郎之万方程

$$\frac{\mathrm{d}v(t)}{\mathrm{d}t} + \beta v(t) = n(t) \tag{6.21}$$

方程中的 $v(t)$ 是速度矢量,其中方程右边的非齐次项 $n(t)$ 就是均值为零的高斯白噪声。由这一类问题引申出的工程应用包括滤波和预测、统计通信理论、随机振动、运筹学和结构分析,这类问题都不能从输入的过去值来确定它的将来值,迫使人们引进概率分析的手段。

第三类随机微分方程是指有随机系数的微分方程。这类问题非常重要,一个具体的问题抽象为数学表达的时候不会是完全精确的,由于不确定性和复杂性,方程中的不确定因素必须有随机系数进行描述。这类方程的应用包括工程、生物、医学和经济学。例如,振动方程中的系数 $K(t)$ 是随机过程

$$\frac{\mathrm{d}^2 X(t)}{\mathrm{d}t^2} + K(t) * X(t) = 0$$
$$X(0) = X_0 \tag{6.22}$$
$$\left. \frac{\mathrm{d}X(t)}{\mathrm{d}t} \right|_{t=0} = X_1$$

实际工程问题中形成的方程组可能同时兼有上述两类或者三类的随机因素,而且往往同时要用到概率论的方法与解微分方程的方法。

考虑了电力系统中的随机因素后,也可用随机微分方程描述系统状态。电力系统运行中的随机因素包含随机扰动和随机故障,用 $R(t)$ 表示。电力系统发生故障后,在事故的发展阶段可能遇到的随机因素有继电保护装置误动作、控制措施错误或延迟、隐藏故障、人为控制等,用 $V(t)$ 来描述。

考虑各种随机因素之后,电力系统的状态方程列写如下:

$$\mathrm{d}\boldsymbol{X}(t) = f[t, \boldsymbol{X}(t)]\mathrm{d}t + \sum_{i=1}^{N} g_i[t, \boldsymbol{X}(t)]\mathrm{d}R_i(t)$$
$$+ \sum_{j=1}^{M} L_j[t, \boldsymbol{X}(t)]\mathrm{d}V_i(t) \tag{6.23}$$
$$\boldsymbol{X}(t_0) = \boldsymbol{X}_0, \ t \geqslant t_0$$

式中,$\boldsymbol{X}(t)$ 表示电力系统的 n 维状态矢量;f 函数描述状态方程的微分形式;g 函数表示随机因素 $R(t)$ 对系统的影响;L 函数表示发生故障后的随机因素 $V(t)$ 对系统的影响。

在 $\sum_{i=1}^{N} g_i[t, \boldsymbol{X}(t)]\mathrm{d}R(t)$ 和 $\sum_{j=1}^{M} L_j[t, \boldsymbol{X}(t)]\mathrm{d}V(t)$ 中包含了与 $\boldsymbol{X}(t)$ 相乘的系数和非

齐次项,因此电力系统的状态方程兼有了随机微分方程的第二和第三两种形式。

系统中描述故障大小的随机过程 $S(t)$ 也应该是非线性的微分方程形式,表达式如下:

$$\mathrm{d}S(t) = \sum_{k=1}^{N} h_i[t, V_k(t), X(t)] \mathrm{d}t \qquad (6.24)$$
$$S(t_0) = S_0, \ t \geqslant t_0$$

h 函数包含了故障启动后形成故障损失的机制。如果对 $S(t)$ 进行抽样,如取每一天的最大值,然后组成一个离散的随机过程 $W(t_f)$,$t_f = 1, 2, \cdots, n$,即可组成大停电事故序列。

把控制措施 $u[t, X(t)]$ 加入电力系统的状态方程得到

$$\mathrm{d}X(t) = f\{t, X(t), u[t, X(t)]\}\mathrm{d}t + \sum_{i=1}^{N} g_i\{t, X(t), u[t, X(t)]\}\mathrm{d}R_i(t)$$
$$+ \sum_{j=1}^{M} L_j\{t, X(t), u[t, X(t)]\}\mathrm{d}V_j(t) \qquad (6.25)$$
$$\mathrm{d}S'(t) = \sum_{k=1}^{N} h\{t, V_k(t), X(t), u[t, X(t)]\}\mathrm{d}t$$
$$X(t_0) = X_0, \ t \geqslant t_0$$
$$S'(t_0) = S_0, \ t \geqslant t_0$$

加入控制措施后的故障形成机制用 $S'(t)$ 表示,与 $S(t)$ 不同的原因是随机系统中的控制具有双重效应。

如果确定故障期望值的目标,可通过倒向随机微分方程推导控制措施 $u[t, X(t)]$ 的表达式。倒向随机微分方程在经济学中应用的比较多,经济类的方程中随机扰动 W_s 满足布朗运动过程,布朗运动的勒贝格积分是高斯过程。

根据倒向随机微分方程,如果希望故障的最大值小于 ξ,可以设 $S''(t_n^{\mathrm{end}}) = \xi$,根据式(6.23)计算 $u[s, X(s)]$。

$$S''(t) = \xi + \int_t^{t_n^{\mathrm{end}}} \sum_{k=1}^{N} h_k\{s, X(s), u[s, X(s)]\}\mathrm{d}s$$
$$+ \int_t^{t_n^{\mathrm{end}}} \sum_{j=1}^{M} L_j\{s, X(s), u[s, X(s)]\}\mathrm{d}V_j(s) \qquad (6.26)$$

如果系统状态方程(6.25)中的各项随机因素及随机因素对系统的影响都能获得,即可以根据随机微分方程计算得到 $S'(t)$、$S''(t)$,并组成故障序列 $W(t)$,以验证 $u[t, X(t)]$ 的作用是否有效。

但状态方程(6.25)中的很多因素都无法获得解析式,如随机因素 $R_i(t)$、故障过程中的随机因素 $V_j(t)$、函数 g 和故障形成机制 h 函数。由于系统状态方程难以求解,对电力系统故障序列的控制需要更加工程化的方法。

6.3　基于沙堆模型的控制规则

6.3.1　沙堆模型

对大型复杂系统的自组织临界性的研究,沙堆模型能很好地模拟自组织现象。沙堆在长程演化中会产生一个崩塌的序列,其规模和频率之间满足幂律关系。沙堆在非临界态下遵守的是局部的动力学,转向临界态后遵守的是整体动力学规则。沙堆的实验过程是在一个平台上添加沙子,随着沙堆的升高,坡面变得越来越陡峭,崩塌增加而且更多的沙粒落在平台以外。最终沙堆进入了一个动态平衡,即一段时间内加入的沙子总量等于滚落到平台以外的沙子总量。在这个平衡态下,新加入一粒沙子也可能引起大规模的连锁崩塌。

与其他复杂系统一样,电力系统在长时间的演化中通过各种规模的停电事故释放能量并自组织到临界状态,在系统的发展过程中存在自组织—临界态—耗散的循环往复过程。在临界状态下微小的扰动也可能会通过多米诺效应延伸到整个系统,形成一个雪崩形式的大事故,也可能通过多次的小故障释放能量。在宏观统计中发现小事故的频率比大事故高,而且事故规模与频率服从幂律分布。

在电力系统的发展过程中,各种不同要素的相互作用使得系统能够自发地朝自组织临界状态演化,与沙堆模型具有相似性。将电力系统与沙堆模型进行对比,认为电力系统与沙堆系统具有很多相似性。电力系统的规模随时间增长,沙堆的规模进入自组织临界态之后基本保持稳定。

沙堆模型是复杂系统的简化模型,因此进行沙堆模型的仿真有助于寻找复杂系统的一般规律,特别是验证不同控制规则对自组织临界性的影响效果。本书建立了数字沙堆模型,首先验证了雪崩规模与频率的幂律关系,然后在沙堆模型中加入了控制措施,获得了长程时间下控制规则影响系统的结果。沙堆模型的故障序列是一个离散的随机过程,在分别加入了小棍机制、减少故障传递和主动解列三种控制规则后获得了新的故障序列。通过分析故障序列的数学特征发现,加入控制规则后,概率密度函数在双对数坐标下斜率有所增加,即加入控制规则后降低了大型事故发生的概率。因此选择正确的控制规则对抑制大型停电事故是十分重要的,本书提出的这三种控制规则能预防和缓解大型事故的发生。

6.3.2　沙堆模型建模

本书采用的沙堆仿真模型是 Bak 提出的一个经典模型。把沙堆落在台面上用一个二维的格子来代表,每个方格都有一个坐标(x,y),用 $Z(x,y)$ 来表示落在方格里的沙粒数量,每一粒沙子都是理想的立方体。随便选取一个格子,并把那

个格子的高度 Z 增加 1,从而有一粒沙加到方格中。

$$Z(x,y) = Z(x,y) + 1 \tag{6.27}$$

最初,沙粒或多或少地会停留在它们落下的位置上,当我们不断加入沙子的时候,沙堆会变得陡峭起来,并且沙粒会滑落或者有雪崩发生。一粒沙的加入只会导致一个局部的扰动,而对于远处的沙粒很难影响到。但是当沙堆变得更为陡峭时,一粒沙就很有可能造成大的雪崩事件,这个时候平均看来沙堆上沙粒的数量基本保持平衡。本书采用的崩塌机制是一旦某个格子中高度 Z 超过了临界值 $Z_c = 4$,那么这个方块就会向附近的四个方块输送一粒沙子。因而当 Z 达到 4 的时候,那个方块就会崩塌。每一次方块倒塌记为一次崩塌,一个雪崩事故中可能有很多次崩塌,崩塌的次数记为故障规模。如果崩塌发生在台子边缘,则沙子滚落到台子外面。

$$\begin{cases} Z(x,y) = Z(x,y) - 4 \\ Z(x+1,y) = Z(x+1,y) + 1 \\ Z(x-1,y) = Z(x-1,y) + 1 \\ Z(x,y+1) = Z(x,y+1) + 1 \\ Z(x,y-1) = Z(x,y-1) + 1 \end{cases} \tag{6.28}$$

本书建立了一个 48×48 的沙堆模型。刚开始往这个沙堆里加入沙子时,格点的高度都很低,因为没有不稳定的点。所有的格点 Z 都小于 3,因而沙粒恰好停留在他们落下的位置上。经过多次把沙加到方格中,某处的高度必定会超过 3,因此就有了第一个倒塌事件,更多的沙粒加入时就有了越来越多的倒塌事件。图 6.5 显示了一次较小的倒塌事件过程。

沙堆最理想的临界态是所有格子里的高度都为 3,而加入任何一粒沙子都会滚落下来。但是这种情况不可能出现,这是因为在达到这个简单状态以前,由于大雪崩事件,沙堆已经被瓦解了。加入很多的沙粒后,沙堆到达自组织临界态。平均高度稳定在 2.1 左右,而且一段时间内加到沙堆上沙的数量与从沙堆边缘掉下的沙子数量相等。沙堆的这个状态称为稳定态,在稳定态中大多数的雪崩很小而且未到达边缘,因而他们使得沙堆的高度增长。这一点恰好由那些次数很少但是规模很大的雪崩事件来补偿。在大雪崩事件中,许多的沙粒离开了沙堆。在临界态下,沙堆的次数与规模满足幂律分布。幂律分布也是表明稳定态是临界的一个标志。

6.3.3 沙堆模型特性分析

未加入控制规则时,沙堆模型最终进入自组织临界态与初始状态无关。从一粒沙都没有的平面开始能进入临界态,从随机铺了一层沙子的状态也能进入临界态,甚至取其他任意的初始条件沙堆也能自身调整到临界态。

1	2	0	2	3
2	3	2	3	0
1	2	3	3	2
3	1	3	2	1
0	2	2	1	2

1	2	0	2	3
2	3	2	3	0
1	2	4	3	2
3	1	3	2	1
0	2	2	1	2

1	2	0	2	3
2	3	3	3	0
1	3	0	4	2
3	1	4	2	1
0	2	2	1	2

1	2	0	2	3
2	3	3	4	0
1	3	2	0	3
3	2	0	4	1
0	2	3	1	2

1	2	0	3	3
2	3	4	0	1
1	3	2	2	3
3	2	1	0	2
0	2	3	2	2

1	2	1	3	3
2	4	0	1	1
1	3	3	2	3
3	2	1	0	2
0	2	3	2	2

1	3	1	3	3
3	0	1	1	1
1	4	3	2	1
3	2	1	0	2
0	2	3	2	2

1	3	1	3	3
3	1	1	1	1
2	0	4	2	3
3	3	1	0	2
0	2	3	2	2

1	3	1	3	3
3	1	2	1	1
2	1	0	3	3
3	3	2	0	2
0	2	3	2	2

1	3	1	3	3
3	■	■	■	1
2	■	■	■	3
3	3	■	■	2
0	2	3	2	2

图 6.5　沙堆倒塌演化图

　　临界态的标志是平均高度为 2.1 左右，且故障累积量的斜率保持稳定。本书选取的初始条件是平均高度为 1.5 的一层沙子，采用正态分布的取值的方法分配初始的沙粒高度。前 1500 步仿真中到了接近 1300 步的时候故障累积的速度突然增加，沙堆基本进入了自组织临界态。沙堆的平均高度发现匀速增加到 1500 步附近，进入自组织临界态后沙堆的高度基本稳定，仅仅随着故障有一些波动（图 6.6）。而 1500～3000 步的故障累积速度基本稳定（图 6.7）。

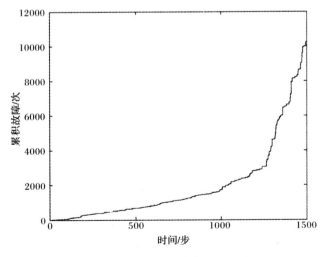

图 6.6　1～1500 步故障量累积图

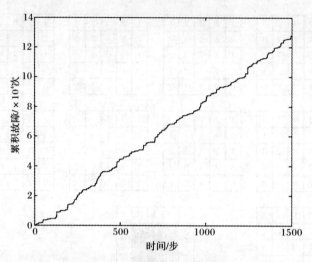

图 6.7　1500～3000 步故障量累积图

　　为了研究沙堆的平均高度与故障累积量的增加速度与临界态之间的关系,把 1～3000 步的沙堆平均高度与故障累积量数据对比可得图 6.8 所示。

　　沙堆进入自组织临界态后,对崩塌的次数与规模进行统计,双对数坐标下的分布情况如图 6.8 所示,横坐标是崩塌规模,纵坐标是崩塌频率,统计的时间长度是 1500 步,分段的统计结果如表 6.2 所示。表中规模表示每次雪崩倒塌的沙粒数量,对规模进行分段后统计了雪崩的次数。

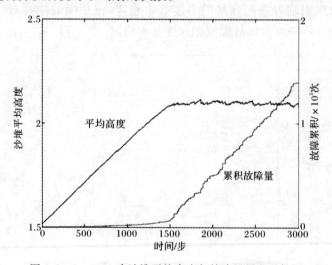

图 6.8　1～3000 步沙堆平均高度与故障量累积叠加图

表 6.2　沙堆仿真崩塌分段统计结果

规模	次数	规模	次数	规模	次数
1～100	454	600～700	13	1500～2000	8
100～200	58	700～800	9	2000～3000	5
200～300	29	800～900	9	3000～4000	1
300～400	22	900～1000	9	4000～6000	1
400～500	28	1000～1200	7		
500～600	9	1200～1500	6		

上述的统计结果曲线拟合可得

$$y = 10^{4.34} x^{-1.2058} \tag{6.29}$$

式中，y 表示故障发生次数；x 表示故障规模。以下同。

对故障规模和次数分别取对数后，在显著性水平 0.01 样本个数为 16，按自由度 $f = n - 2 = 14$，查相关系数显著性检验表得到临界值 $R_{0.01} = 0.622$。这里假设 x 为规模，y 为频率，求得 $\rho_{xy} = -0.9650$，而 $|\rho_{xy}| > 0.622$，说明在双对数坐标下的停电规模与次数线性关系显著，幂律分布有效。

6.3.4　适用于沙堆模型的控制规则

国内外的学者利用各种模型对电力系统的连锁故障进行仿真，取得了一些成果。OPA 模型仿真的结果显示，当负载率增加到一定程度时故障概率急剧增加。用 CASCADE 模型仿真发现，随着元件故障转移量的增加，系统发生大规模崩溃事故的概率增加，连锁故障发生的概率与负载的均匀程度也有关，均匀的负载下发生大规模故障的概率较小。

本书采用专家系统和数学模型相结合的方法设计控制规则，沙堆模型中的控制方式主要采用了开环控制。针对连锁故障的控制策略分两种：一是对于连锁故障的预防，主要是控制危险结构的出现。控制手段有平衡区域内的功率、降低系统整体负载率、阻止局部负载率过高。在此思想下，本书提出了小棍机制的控制措施。二是连锁故障发生后从阻断传播路径和减少故障传播量方面进行的控制。在电力系统中对应于主动解列、主动减载和主动切机。在此基础上，本书提出了主动解列和减少故障传递两种控制措施。通过沙堆模型中加入控制措施进行仿真，分析故障规模与频率的关系可以揭示控制措施是否对于抑制大规模事故有正面作用。

1）小棍机制

如果沙堆上始终有一支小棍，当沙堆出现了临界状态，甚至超临界状态的结构（即局部沙粒的平均高度达到一定限值），用小棍捅一下这个区域的沙堆，破坏这里的危险结构,降低了大型事故发生的可能性,这里的沙堆坡度会比以前平缓。如果在临界的沙堆状态下,加入小棍机制,沙堆演化一段时间后会到达新的临界态。假设在电力系统中也存在一直作用的"小棍",当连锁故障风险增加到一定程度时启动小棍机制破坏危险结构,可避免大型事故的发生。小棍机制主要目的是达到区域内的功率平衡,防止和减少高风险的运行状态出现。

在沙堆临界态下,当一个 6×6 的区域平均高度达到 2.33,则启动小棍机制强制其倒塌。沙堆状态的变化从故障累积图上表现得更为清楚,如图 6.9 所示。故障累积图也称为断续平衡图,纵坐标是故障累积量而横坐标是时间。

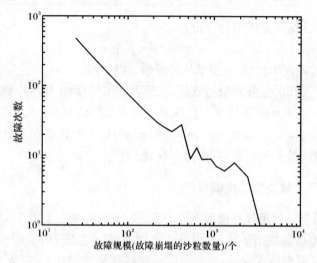

图 6.9　双对数坐标下沙堆崩塌分布曲线

图 6.10 中第一段是沙堆自组织的临界态,第二段开始后应用小棍机制。第

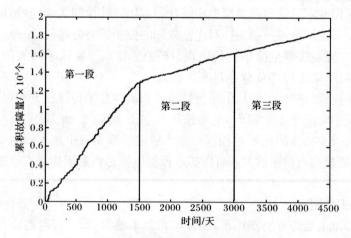

图 6.10　小棍机制下故障量累积图

二段图中的故障累积斜率发生了波动,待波动结束后从第三段到达新的平衡并趋于稳定,此时沙堆也具有自组织临界性,每一段的仿真步数是 1500 步。新的平衡态下沙堆崩塌规模与频率的分布如图 6.11 所示,分段统计结果如表 6.3 所示。

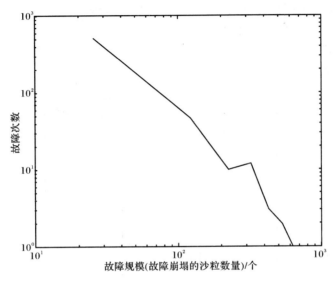

图 6.11　小棍机制下沙堆崩塌分布曲线

表 6.3　沙堆仿真崩塌分段统计结果

规模	次数	规模	次数	规模	次数
1~100	506	400~500	3	800~900	0
100~200	46	500~600	2	900~1000	0
200~300	10	600~700	1	1000~1200	0
300~400	12	700~800	8	1200~2000	0

对第三段 1500 步的统计结果进行曲线拟合可得

$$y = 10^{4.88} x^{-1.56} \tag{6.30}$$

对故障规模与次数取对数后,在显著性水平 0.05 下样本个数为 7,按自由度 $f = n - 2 = 5$,查相关系数显著性检验表得到临界值 $R_{0.05} = 0.754$。而此处 $\rho_{xy} = -0.8507$,满足 $|\rho_{xy}| > 0.754$,说明在双对数坐标下的线性关系显著,幂律分布有效。

与不加小棍机制的统计结果比较可得,沙堆发生大规模雪崩的次数明显减少,双对数坐标下拟合结果斜率增大。因此小棍机制在长程过程中能抑制大规模连锁故障的发生。

2) 减少故障传递

在电力系统中某条线路发生故障时,这条线路上的潮流会转移到其他的线路上去。如果转移的潮流过大,会导致其他线路过载跳闸,故障以这种方式传播开来。如果采用一定功率平衡的措施,潮流的转移量会减少。在这种思路下,在沙堆仿真中应用减少故障传递的规则也能抑制大规模雪崩的发生。

在未加其他规则的沙堆临界态上应用减少故障传递的规则,使沙堆的倒塌带来的崩塌值不是4,而是选取3~4之间的数(即一部分崩塌值是4,另一部分倒塌值是3,并随机选取倒塌方向)。在此规则下沙堆演化一段时间后到达动态平衡并满足幂律规律。

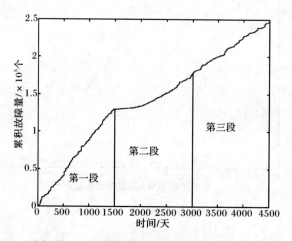

图 6.12　减小故障传递机制下故障量累积图

图 6.12 中第一段是沙堆自组织的临界态,第二段开始应用减少故障传递的规则,此规则引起沙堆状态的波动。沙堆进入第三段后达到一种稳定态,崩塌的规模与频率如图 6.13 所示,分段统计结果如表 6.4 所示,每一段的时间长度是 1500 步。

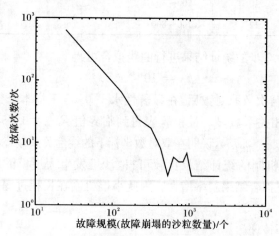

图 6.13　减少故障传递规则下沙堆崩塌分布曲线

表 6.4　沙堆仿真崩塌分段统计结果

规模	次数	规模	次数	规模	次数
1～100	629	600～700	6	1500～2000	3
100～200	67	700～800	5	2000～3000	3
200～300	23	800～900	5	3000～4000	0
300～400	17	900～1000	7	4000～6000	1
400～500	8	1000～1200	3		
500～600	3	1200～1500	3		

对第三段进行曲线拟合可得

$$y = 10^{4.79} x^{-1.46} \tag{6.31}$$

对故障规模与次数取对数后,在显著性水平 0.05 下样本个数为 7,按自由度 $f = n - 2 = 5$,查相关系数显著性检验表得到临界值 $R_{0.05} = 0.754$。而此处 $\rho_{xy} = -0.8507$,满足 $|\rho_{xy}| > 0.754$,说明在双对数坐标下的线性关系显著,幂律分布有效。

这里事故发生的总量比未采用控制措施时要大,但是从分段结果看出主要是 1～100 之间的小规模事故较多。考虑到电力系统应对小规模事故的能力强,鲁棒性好,而大型事故发生的次数明显减少,因此减少故障传递的控制手段对电网是利大于弊的。

3）主动解列

当电力系统发生的故障达到一定规模时,从阻断故障传播路径方面考虑,主动把系统分成几个部分并让未受故障影响的部分正常运行,能有效地保护主干电力网络。

如果从沙堆的临界状态开始应用主动解列规则,即当故障规模大于 10 次崩塌时把沙堆分成 4 个互不影响的部分,经过一段时间的演化,沙堆达到稳定。

图 6.14 中第一段是沙堆自组织的临界态,从第二段开始应用主动解列规则,

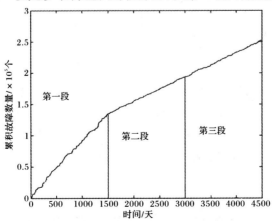

图 6.14　主动解列传递机制下故障量累积图

第三段沙堆进入稳定的临界态。在第三段临界态下故障与频率的统计如图 6.15 所示，分段统计结果如表 6.5 所示，每一段的时间长度是 1500 步。

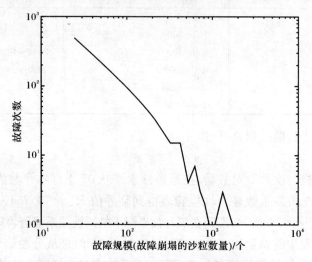

图 6.15　主动解列规则下沙堆崩塌分布曲线

表 6.5　沙堆仿真崩塌分段统计结果

规模	次数	规模	次数	规模	次数
1~100	489	600~700	7	1500~2000	1
100~200	71	700~800	3	2000~3000	0
200~300	31	800~900	2	3000~4000	0
300~400	15	900~1000	1	4000~6000	0
400~500	15	1000~1200	1		
500~600	4	1200~1500	3		

第三段曲线拟合结果为

$$y = 10^{4.54} x^{-1.2625} \tag{6.32}$$

对故障规模与次数取对数后，在显著性水平 0.05 下样本个数为 7，按自由度 $f = n - 2 = 5$，查相关系数显著性检验表得到临界值 $R_{0.05} = 0.754$。而此处 $\rho_{xy} = -0.8507$，满足 $|\rho_{xy}| > 0.754$，说明在双对数坐标下的线性关系显著，幂律分布有效。

从结果中可以看出，主动解列的规则应用降低了大规模事故发生的次数。

6.3.5　结果分析

沙堆能演化到一个平衡态，在这个平衡态下，t 时刻产生的故障数据并不受 t 时刻之前状态的影响，而且一系列的故障数据满足幂律规律。因此认为，沙堆在平衡态下产生的故障数据是具有马尔科夫性的离散随机过程 $\{X(t),t\in T\}$，$T=\{1,2,3,4,\cdots\}$。其中，故障序列的期望值可以通过统计得到

$$E\{X(t)\} = \overline{X(t)} = (1/T)\sum_{t=1}^{T}X(t) \tag{6.33}$$

表 6.6 给出了故障期望值比较，可以看出这三种小棍机制加入之后故障期望值都有所降低，其中小棍机制的效果最好。

表 6.6　故障期望值比较

	未加控制	小棍机制	减少故障传递	主动解列
故障期望值（故障次数）	85.92	21.5193	38.062	51.5380

根据分段统计的结果进行数据拟合并求得概率密度分布可得如下结果：

未加入控制规则的故障序列为 $\{X(t),t\in T\}$，$T=\{1,2,3,4,\cdots\}$，概率密度如下：

$$P(X(t)=k)=f(k)$$
$$f(k) = \begin{cases} 0.555 & k=0 \\ 0.052k^{-1.2054} & k\geqslant 1 \end{cases} \tag{6.34}$$

t 时刻故障规模的概率密度函数为 $f(k)$，t 取整数。

在小棍机制的影响下故障序列为 $\{X_1(t),t\in T\}$，$T=\{1,2,3,4,\cdots\}$，概率密度 $f_1(k)$ 的表达式为

$$f_1(k) = \begin{cases} 0.614 & k=0 \\ 0.052k^{-1.56} & k\geqslant 1 \end{cases} \tag{6.35}$$

在减少传递规则的影响下故障序列为 $\{X_2(t),t\in T\}$，$T=\{1,2,3,4,\cdots\}$，$f_2(k)$ 的表达式为

$$f_2(k) = \begin{cases} 0.478 & k=0 \\ 0.05k^{-1.46} & k\geqslant 1 \end{cases} \tag{6.36}$$

在主动解列规则的影响下故障序列为 $\{X_3(t),t\in T\}$，$T=\{1,2,3,4,\cdots\}$，$f_3(k)$ 的表达式为

$$f_3(k) = \begin{cases} 0.554 & k=0 \\ 0.054k^{-1.2625} & k\geqslant 1 \end{cases} \tag{6.37}$$

表 6.7 中比较了未加控制和加入控制规则之后的幂律规律中的斜率变化，可以看出控制规则都增加了幂律规律的斜率，即使得大事故的概率降低。

表 6.7　幂律规律的斜率变化

	未加控制	小棍机制	减少故障传递	主动解列
幂律规律的斜率参数	−1.2054	−1.56	−1.46	−1.26

根据拟合之后得到的概率密度函数分别求数学期望得

$$E(X) = \int_1^{6000} kf(k)\mathrm{d}k = 65.70$$

$$E(X_1) = \int_1^{6000} kf_1(k)\mathrm{d}k = 7.37$$

$$E(X_2) = \int_1^{6000} kf_2(k)\mathrm{d}k = 10.06$$

$$E(X_3) = \int_1^{6000} kf_3(k)\mathrm{d}k = 44.7$$

$E(X_1)$、$E(X_2)$、$E(X_3)$ 都小于 $E(X)$，也说明这三种控制规则减小了故障序列的期望值。

控制措施的效果分三种：第一种是小棍机制，大故障减少，事故总数也减少；第二种是减少故障传递，大故障减少但小故障增加事故总数增加；第三种主动解列加入之后故障数据变化不大。

减少故障传递的仿真中，总雪崩次数大于未采用控制时的情况，主要原因是小事故发生次数较多，而大型事故的次数明显减少。考虑到电力系统应对小型事故的鲁棒性好，因此对电网仍是利大于弊的。

6.4　基于直流潮流模型的控制规则

为了模拟电力系统的长程演化，国内外的学者提出了直流潮流模型、沙堆模型、OPA 模型、CASCADE 模型等。在 6.3 节进行沙堆模型的仿真能够观察沙堆的整体特性，并寻找影响自组织临界性参数的因素和改变自组织临界特征的方法。但是沙堆模型过于简化，仅依靠沙堆的雪崩来模拟电力系统连锁故障不够充分。因此本书在参考现有模型的基础上，建立了直流潮流模型来验证期望值控制。

从自组织临界性的角度来看，电力系统中的元件负载总是随着用户负荷的增加而增加，增多的负载增加了系统发生大型事故的可能性。另一方面，针对停电事故电网所做的改进减少了系统发生大型事故的可能，如电网调度运行时增加备用，电网设计中增加输电线路、电厂。两方面的作用驱使电力系统在经济性与安全性之间达到一个动态的平衡，就使得电力系统长期运行在临界态下或者接近临界态。

本书选取了直流潮流来模拟电网演化过程和连锁故障，参考了 OPA 模型。OPA 模型分快、慢两个动态过程，其中慢过程模拟了长程时间下电力系统发电能力，负荷水平和故障后线路传输能力的增长；快过程描述了连锁故障的停电过程。停电事故中的线路过载及故障量统计由直流潮流的线性优化过程计算。

本书在直流潮流模型的基础上验证了故障规模与频率的幂律关系,提出了以降低故障期望值为目标的控制措施,在仿真模型中加入控制措施后获得了长程时间下控制规则对系统的影响结果,发现新的幂律函数在双对数坐标下斜率有所增加,而且故障序列分布有所改善。因此加入正确的控制规则对大型停电事故有抑制作用,能降低大型事故的期望值。

6.4.1　直流潮流模型设计

本书采用了直流潮流来模拟电网演化过程和连锁故障,其中慢过程模拟了长程时间下电力系统发电能力、负荷水平和故障后线路传输能力的增长;快过程描述了连锁故障的停电过程。停电事故中的线路过载及故障量统计由直流潮流的线性优化过程计算,优化的目标是负荷切除量最小。

在直流潮流模型的演化中每一天负荷增长,输电容量增加,发生随机性的线路故障后,对过载线路进行改造导致系统容量增加。电力系统中的元件负载总是随着用户负荷的增加而增加,增多的负载增加了系统发生大型事故的可能性。另一方面,针对停电事故电网所做的改进减少了系统发生大型事故的可能,如电网调度运行时增加备用,电网设计中增加输电线路、电厂。这两方面驱使电力系统在经济性与安全性之间达到一个动态的平衡,并且伴随着耗散的过程。因此电力系统的故障规模与频率在长程时间下表现出幂律规律。

相对于交流模型而言,直流潮流求解输电线路的状态和有功潮流较为简单,而且模型是线性的,可以直接求解,无需迭代。直流潮流模型不存在收敛问题,可以快速进行故障追加或者开断线路后的潮流计算。有 $P_{ij} = \dfrac{\theta_i - \theta_j}{x_{ij}}$,按照直流电路 $I = U/R$,故称为直流潮流模型。其程序框图如图 6.16 所示。

原有支路潮流方程 $P_{ij} = \dfrac{U_i^2 - U_i U_j \cos\theta_{ij}}{R_{ij}} - \dfrac{U_i U_j \sin\theta_{ij}}{x_{ij}}$。根据电力系统运行的特点,节点电压在额定电压附近,支路两端的相角之差很小,超高压电力线网络线路电阻比电抗小得多。因此可以做如下简化假设,即

$$U_i = U_j = 1$$
$$\cos(\theta_i - \theta_j) \approx 1 \tag{6.38}$$
$$\sin(\theta_i - \theta_j) \approx \theta_i - \theta_j$$

在一个 $n+1$ 个节点及 m 条线路的网络中,我们定义直流潮流模型如下:

P_{ik} 表示节点 i 在 k 日的注入功率, $\boldsymbol{P}_k = (P_{1k}, P_{2k}, \cdots, P_{nk})^{\mathrm{T}}$ 为 k 日注入功率向量。

$$\sum_{i=1}^{n} P_{ik} = 0 \tag{6.39}$$

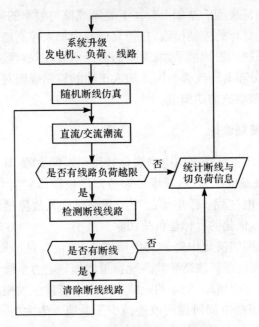

图 6.16　直流潮流模型程序框图

F_{jk} 为线路 j 在 k 日的实际潮流，$\boldsymbol{F}_k = (F_{1k}, F_{2k}, \cdots, F_{mk})^{\mathrm{T}}$ 为 k 日 m 条输电线路的潮流向量，线路潮流满足线路约束 $-F_{jk}^{\max} \leqslant F_{jk} \leqslant F_{jk}^{\max} (j = 1, 2, \cdots, m)$。

直流潮流模型下，电网线路上的潮流和各个节点注入功率之间满足[84]：

$$\overline{\boldsymbol{P}} = \boldsymbol{B} \times \overline{\theta} = \boldsymbol{A}^{\mathrm{T}} \times \overline{\boldsymbol{F}}$$

$$\overline{\boldsymbol{F}} = \boldsymbol{b} \times \boldsymbol{A} \times \overline{\theta} = \boldsymbol{b} \times \boldsymbol{A} \times \boldsymbol{B}^{-1} \times \overline{\boldsymbol{P}} \tag{6.40}$$

式(6.40)中，电网的网络关联阵 $\boldsymbol{A}$ 和注入功率向量 $\overline{\boldsymbol{P}}$ 都去掉了平衡节点。矩阵 $\boldsymbol{A}$ 中的每个元素 a_{ij} 定义为

$$a_{ij} = \begin{cases} 1 & \text{线路 } i \text{ 进入节点 } j \\ -1 & \text{线路 } i \text{ 离开节点 } j \\ 0 & \text{线路 } i \text{ 与节点 } j \text{ 无关} \end{cases} \tag{6.41}$$

$\boldsymbol{\Theta} = [\theta_1, \theta_2, \cdots, \theta_{n-1}]^{\mathrm{T}}$ 为母线电压相角向量。$\overline{\boldsymbol{P}} = (P_1, P_2, \cdots, P_{n-1})^{\mathrm{T}}$ 为有功注入向量为发电向量与负荷向量的差值。$\overline{\boldsymbol{P}} = \overline{\boldsymbol{P}}_g - \overline{\boldsymbol{P}}_l$ 中，$\overline{\boldsymbol{P}}_g$ 为节点的发电向量，$\overline{\boldsymbol{P}}_l$ 为节点的负荷向量。$\boldsymbol{B} = \boldsymbol{A}^{\mathrm{T}} \times \boldsymbol{b} \times \boldsymbol{A}$，其中电导对角阵 $\boldsymbol{b} = \mathrm{diag}(1/x_1, 1/x_2, \cdots, 1/x_m)$。

OPA 模型的慢过程需计算这一天的初始负荷和潮流：

(1) 将慢速负荷增长表达为 $P_k = P_0 \prod\limits_{i=1}^{k} \lambda_i$。 $\tag{6.42}$

（2）第 k 日的初始潮流为 $F_k = AP_k = AP_0 \prod\limits_{i=1}^{k} \lambda_i$ 。 　　　　　　　(6.43)

（3）定义线路 j 在 k 日的过载率为 $M_{jk} = F_{jk}/F_{jk}^{\max}$ ，当 $M_{jk} < 1$ 时线路有裕度，而 $M_{jk} > 1$ 时线路过载。所有线路负载率向量为 $\boldsymbol{M}_k = (M_{1k}, M_{2k}, \cdots, M_{mk})^{\mathrm{T}}$ 。

（4）将前一天发生了故障的各条线路的最大允许传输容量分别乘以一个稍大于 1 的系数 μ_k 来模拟对电网的改造，即线路的增强表达为

$$F_{j(k+1)}^{\max} = \begin{cases} \mu_k F_{jk}^{\max} & \text{停电且线路 } j \text{ 在 } k \text{ 日过载} \\ F_{jk}^{\max} & \text{其他} \end{cases} \qquad (6.44)$$

在确定了一天的初始潮流和负载后，OPA 模型的快过程主要考虑了事故发展进程。电力系统中的停电事故发展中有各种各样的故障因素，为了在仿真中模拟事故进程，可以从数学模型的角度进行分析并利用。故障因素可以按物理特性分为连续型（故障切除时间、故障位置）和离散型（如网络结构、故障设备、故障类型、控制措施）。电力系统的设备发生故障时，其单个设备的故障率通常可设为常数。虽然故障类型有很多种，如短路、开断、失去发电机和失去负荷，此处把故障设置为短时不可修复故障。

计算流程如下：

（1）按概率 h 随机选取一条线路发生故障。

（2）如果发生线路过载则断开，重新计算潮流看是否还有线路过载。通过潮流决定其他元件是否越限，是否发生相继故障。当某条线故障时，可采用补偿法计算。例如，此条线路连接的是 p、q 节点的第 k 条线，补偿法即在这两个节点上注入了方向相反的单位功率，计算公式如下：

$$\bar{\theta}' = \bar{\theta} + \Delta\bar{\theta} \times I_{pq}$$
$$\Delta\bar{\theta} = B^{-1} \times \Delta\bar{P}$$
$$I_{pq} = -(\theta_p - \theta_q)/(\Delta\theta_p - \Delta\theta_q - 1/x_k)$$
$$\bar{F}' = b \times A \times \bar{\theta}' \qquad (6.45)$$

（3）在线路约束和发电机约束下，以负荷切除量最小为优化目标，用线性优化的方法对发电机功率进行调度。表达式如下：

$$c = \min\left(\sum P_L - \sum P_L'\right)$$

满足的条件如下：

$$\sum P_l + \sum P_g = 0$$
$$-F_{ij}^{\max} \leqslant F_{ij} \leqslant F_{ij}^{\max}$$
$$0 \leqslant P_g \leqslant P_g^{\max}$$
$$\bar{F} = b \times A \times \bar{\theta} = b \times A \times B^{-1} \times \bar{P} \qquad (6.46)$$

式中，$\sum P_l$ 表示优化前所有负荷量；$\sum P'_l$ 表示优化之后所有的负荷量。

（4）统计负荷切除量作为故障规模。

故障的最终损失负荷计算分三种情况：一是线路的连续开断导致所有给某个或几个负荷供电的线路都断开了，这种情况损失的负荷就是断开负荷的有功功率值；二是系统解列后，为了保持两个电气岛有功分别平衡，需要切机切负荷的总量；三是当系统潮流计算无可行解时，需要通过调整系统有功输入输出来找到新的运行点，这时可能需要切除一部分负荷。

6.4.2 直流潮流自组织临界性分析

本书的 IEEE-118 节点模型采用了典型的初始潮流和发电机功率分布。在初始条件下不断增加负荷，由于受到电网传输能力的限制，电网输电能力存在一个临界点，在这个临界点下电网的输电电能力达到最大。图 6.17 中统计的是网络传输功率随负荷变化图，横坐标是负荷，纵坐标是整体输电能力 $\sum_{i=1}^{n} |F_i|$，F_i 表示线路潮流。

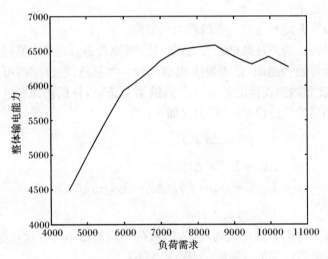

图 6.17　整体输电能力随负荷变化图

未加入控制规则时，双对数坐标下的停电规模与次数的分布如图 6.18 所示，横坐标是停电规模，纵坐标是停电频率，统计的时间长度是 1500 天。本书选取了两个初始条件进行仿真。经过一段时间整理后两个初始条件的系统都能演化到自组织临界态，如图 6.18 所示。两个初始条件的仿真参数比较见表 6.8。故障数据演化过程与网络参数以及初始条件有关，此后随着负荷逐渐增加，故障规模的重心也在不断抬高，最终都能进入自组织临界态。

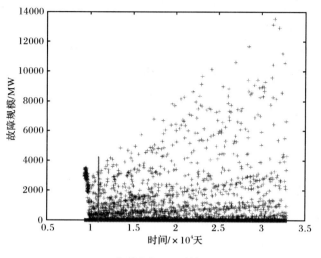

（a）初始条件一（20％备用）

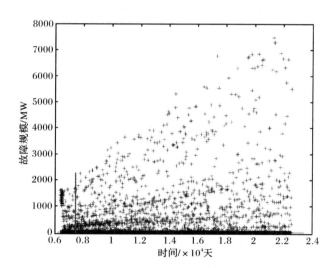

（b）初始条件二（10％备用）

图 6.18　直流潮流模型故障规模统计图

表 6.8　两个初始条件的仿真参数比较

初始条件	h	λ	μ	总负荷/MW	总发电能力/MW	最大输送容量/MW	备用容量/%
1	0.001	1.00007	1.005	9336	11670	26676	20
2	0.001	1.00007	1.005	10503	11670	26676	10

在初始条件一的仿真完成后去掉前面系统整理部分,截取故障演化图如图

6.19 所示。而进行归一化后处理如图 6.20 所示，M＝故障规模/系统规模。M 的
分布趋于稳定，且大故障出现少而小故障数量较多。电网中发生的大停电事故也
多为局部事故，仿真结果中的最大停电事故达到系统整体规模的 40％左右。对
6001～18000 天的故障数据进行统计，分段统计结果如表 6.9 所示。

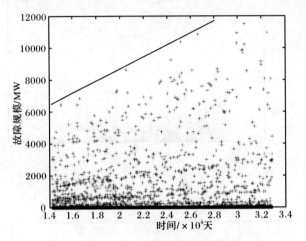

图 6.19　故障规模统计图

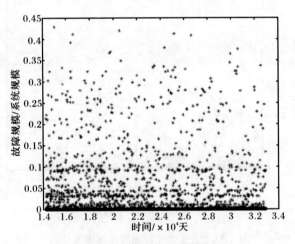

图 6.20　故障的归一化统计图

表 6.9　故障的归一化统计

故障规模/系统规模	故障次数	故障规模/系统规模	故障次数	故障规模/系统规模	故障次数
0～0.05	1157	0.15～0.2	48	0.3～0.35	30
0.05～0.1	231	0.2～0.25	57	0.35～0.4	6
0.1～0.15	115	0.25～0.3	55	0.4～0.45	5

由于系统的规模在长程时间下的变化较大,将系统的故障序列进行归一化能消除系统规模增长对自组织临界性的影响。归一化之后的故障序列是一个平稳随机过程。平稳随机过程具有稳定的数学期望值,可以不用考虑加入控制规则的时间因素,因此更容易验证控制规则对故障序列的作用效果。

这个平稳随机过程的特点由电力系统的规划模式及发展特征决定的。电力网络有自身的结构特点,如满足小世界网络。而我国的地理特征和能源分布决定了电网的主干网架结构和潮流的走向。但为了提高输电效率网络中有很多电源和负荷之间的长程连接,这样使得网络很不均匀。我国各大区域电网虽然规模不同,但结构极为相似,停电事故频度与标度的分布也仅有很小的差别。说明各电网的规划模式和规划习惯也具有一致性。例如,总是在网络负载快到达限制时新建线路,电网设计中存在一些关联度极高的关键节点。因此,虽然电网规模在逐渐增加,但是连锁故障的扩散特性和统计规律具有相同的规律。

双对数坐标下故障规模与次数的分布如图 6.21 所示。在双对数坐标上利用最小二乘法对各数据点进行数据拟合,得到

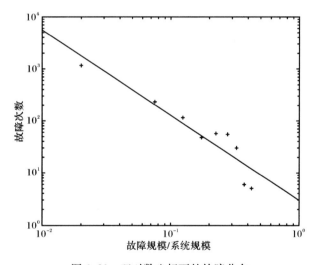

图 6.21　双对数坐标下的故障分布

$$y = 10^{0.4747} x^{-1.6261}, \quad x \in (0,1) \tag{6.47}$$

为了确定此处的故障满足幂律分布,即在双对数坐标上基本是一条直线,可以用相关系数检验回归方程。对故障规模和次数分别取对数后,在显著性水平0.01样本个数为9,按自由度 $f = n-2 = 7$,查相关系数显著性检验表得到临界值 $R_{0.05} = 0.798$。这里假设 x 为规模,y 为频率,求得 $\rho_{xy} = -0.9324$,而 $|\rho_{xy}| > 0.798$,说明在双对数坐标下的停电规模与次数线性关系显著,幂律分布有效。

在初始条件二下进行仿真,所得结果如图 6.22、图 6.23 和表 6.10 所示。

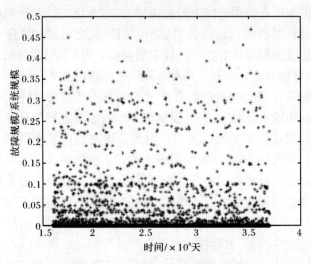

图 6.22　故障的归一化统计图

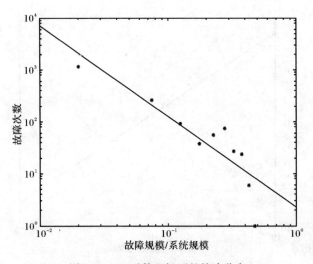

图 6.23　双对数坐标下的故障分布

表 6.10　故障的归一化统计

故障规模/系统规模	故障次数	故障规模/系统规模	故障次数	故障规模/系统规模	故障次数
0~0.05	1148	0.2~0.25	56	0.4~0.45	6
0.05~0.1	264	0.25~0.3	75	0.45~0.5	1
0.1~0.15	93	0.3~0.35	27		
0.15~0.2	38	0.35~0.4	24		

对故障规模和次数分别取对数后,在显著性水平 0.01 样本个数为 10,按自由度 $f=n-2=8$,查相关系数显著性检验表得到临界值 $R_{0.05}=0.764$。这里假设 x 为规模,y 为频率,求得 $\rho_{xy}=-0.876$,而 $|\rho_{xy}|>0.764$,说明在双对数坐标下的停电规模与次数线性关系显著,幂律分布有效。在双对数坐标上利用最小二乘法对各数据点进行数据拟合,得到

$$y = 10^{0.7024} x^{-1.4313}, \quad x \in (0,1) \tag{6.48}$$

图 6.24 中将 10% 的备用容量和 20% 的备用容量形成的幂律分布放在一起,可以直观地看出备用容量的增加对故障序列的分布有利。

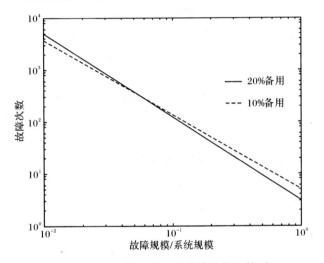

图 6.24　双对数坐标下的故障分布比较图

分析 20% 的备用容量下的仿真结果,可用随机过程描述故障序列 $W(t)$

$$W(t) = a_0 \cdot e^{\lambda(t)} \cdot G(t) \tag{6.49}$$

式中,a_0 表示系统的初始规模;$\lambda(t)$ 是一个独立增量过程来描述系统的增长。

$G(t)$ 是归一化故障序列的平稳随机过程,$G(t)$,$t \in T$,$g \in R$,$T=\{1,2,3,4,\cdots\}$。

$$E\{G(t)\} = \text{const} \tag{6.50}$$

$P[G(t)=k]=f(k)$,概率密度函数 $f(k)$ 为幂律形式。

平稳随机过程 $G(t)$ 的数学期望值为 $E\{G(t)\} = \overline{G(t)} = (1/T)\sum_{t=1}^{T} G(t)$。加入控制措施后等于在原有的随机过程上叠加了一个新的随机过程 $Y(t)$,故障序列可设为 $W'(t) = a_0 \cdot e^{\lambda(t)} \cdot G(t) \cdot Y(t) = a_0 \cdot e^{\lambda(t)} \cdot G'(t)$,如果 $E\{G(t)\} < E\{G'(t)\}$ 即可得出 $E\{W(t)\} < E\{W'(t)\}$。

在 20% 的备用容量下未加入控制措施时,仿真的故障结果经过统计得到

$E\{G(t)\}=0.0084$。

6.4.3　递切控制

不论停电事故的起因多么复杂,在大型停电事故的初始阶段相继故障的间隔时间较长,在这个时间间隔内调度人员采取及时的控制措施可以阻止故障的传播,减小故障损失。电网遇到较严重的扰动时可能导致无法对运行状态做出正确的分析,发现潜在的危险。因此考虑对电网控制的适用性,应该利用尽可能少的数据,在短时间内用具体的控制规则来达到目的。

递切控制是当系统发生的故障规模大到一定程度后,采用主动切机切负荷的方式避免系统陷入更大停电事故的风险中,而切除的动作力度是一个递增关系。由于电力系统被设计成具有鲁棒性的系统,能够满足 $N-1$ 的事故,并且在更大的事故发生时能保持稳定。因此我们设计的控制规则为:假设连锁故障发生后,故障元件个数不小于 5 时将难以控制,因此加入控制规则以减少故障量传递。即当发生故障元件数量不小于 5 时,切除 5% 的负荷,故障规模超过 10 个元件时再切除 5% 的负荷。等连锁故障终结后统计总的故障切除量作为故障规模。在 20% 的备用容量下进行仿真,分段统计结果如表 6.11 和图 6.25 所示。

表 6.11　故障的归一化统计

故障规模/系统规模	故障次数	故障规模/系统规模	故障次数	故障规模/系统规模	故障次数
0～0.05	1269	0.15～0.2	110	0.3～0.35	1
0.05～0.1	374	0.2～0.25	58	0.35～0.4	0
0.1～0.15	147	0.25～0.3	5		

对故障规模与次数取对数后,在显著性水平 0.05 下样本个数为 7,按自由度 $f=n-2=5$,查相关系数显著性检验表得到临界值 $R_{0.05}=0.754$。而此处 $\rho_{xy}=-0.8507$,满足 $|\rho_{xy}|>0.754$,说明在双对数坐标下的线性关系显著,幂律分布有效。

故障规模与次数的分布如图 6.26 所示。在双对数坐标上利用最小二乘法对各数据点进行数据拟合得到

$$y = 10^{-0.1611} x^{-2.1802}, \quad x \in (0,1) \tag{6.51}$$

可以看到幂律函数的斜率有所增加,即大型事故减小而小故障增加。加入递切控制之后,故障序列变为 $W'(t)=a_0 \cdot e^{\lambda(t)} \cdot G'(t)$。

$$E\{G'(t)\} = (1/T)\sum_{t=1}^{T} G(t) \cdot Y(t) = 0.0076 \tag{6.52}$$

与未加控制的仿真结果 $E\{G(t)\}=0.0084$ 比较,平稳随机过程部分期望值有所降低,而系统规模按独立随机过程 $\lambda(t)$ 变化,因此加入控制措施使得停电事故

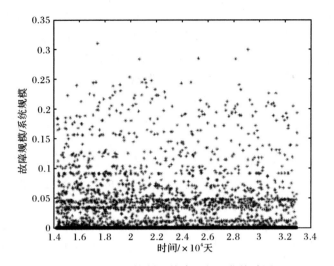

图 6.25　递切控制下故障的归一化统计图

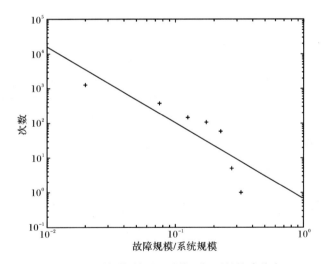

图 6.26　递切控制下双对数坐标下的故障分布

的随机过程数学期望 $E\{W'(t)\} < E\{W(t)\}$ 减小,递切控制能降低电力系统事故序列的期望值。

6.5　均衡性控制方法

为了对电力系统的故障序列进行更有效的期望值控制,本书提出了均衡性控制的方法。在对电力系统大停电事故的研究中发现,有很多因素对电力系统的自组织临界性存在影响,如电网负载率、旋转备用容量、隐藏故障、元件可靠性、控制规则、网络均衡性等。很多小概率事件在引发大规模停电事故的因素中事先没有被预料到,引发了严重的后果。因此仅仅重点关注电网的某一两个元件的状态容易顾此失彼,而寻找一个全局性的方法来监视并减小连锁故障风险,且不用考虑所有细节的衡量方法就成为重点考虑的方向。

　　本书首先提出了指示系统的停电风险的均衡性指标,从网络负载率的均衡性研究对电网的影响。从电力系统故障风险的角度进行分析,如果距离较远的两个网络元件负载较重,发生故障后其影响可能有限。因为电网具有鲁棒性且满足$N-1$的条件,这两条线路任何一条故障后产生的潮流转移并不会有太大的风险。如果两个较重负荷的元件在一起发生故障之后却可能引发连锁反应,其后果会非常严重。因此除了对网络单个元件的负载进行衡量,还需要对网络的危险结构进行区分和比较,可以设计全网的线路负载均衡性指标和区域负载均衡性指标。

　　基于区域均衡性指标,本书在沙堆模型和直流潮流模型中设计出了应用均衡性控制的方法。沙堆的自组织临界特性中,也有平均高度、整体均衡性及区域均衡性等参数。为了对网络的危险结构进行区分和比较,辨别区域负载均衡性,本书提出了整体均衡性指标与依据3×3和6×6的大小分别对沙堆进行分块并求得均衡性。通过分析加入控制前后区域均衡性指标的变化,发现小棍机制对沙堆的控制作用下沙堆的崩塌期望值明显减小,区域均衡性指标的变化明显而沙堆的平均高度变化较小。电力系统直流潮流模型中设计了针对均衡性的控制方法,并在仿真中验证了控制效果。

6.5.1　区域均衡性指标设计

　　进行 IEEE 39 节点模型的自组织临界性仿真结果如图 6.27 所示,图(a)中"正方形"系统表示平均系统负载率为 0.6 的仿真结果,"圆圈"表示各线路负载都取 0.6 时的情况;图(b)中,"三角"为系统平均负载率为 0.8 的曲线,"点号"表示各线路负载都取 0.8 时的情况。从仿真中可以得出,同一负荷水平下大规模事故的概率降低而且幂律分布不明显,因此系统的自组织临界性与负载的均衡性有关。文献[96]也提出停电事故发生的风险与负载的均匀程度有关,负载不均匀程度高,发生停电的概率较大。

　　为了衡量系统负载的均衡性,本章提出了区域均衡性指标。均衡性指标既可以作为指示性指标,又可作为控制措施的目标性指标。电力系统的区域划分可以按照调度控制区域或者行政区域,本书在 IEEE-118 节点模型上把直流潮流模型按照连接划分为 m 条线路一组的小区域,求得各区域平均负载率组成向量 $\boldsymbol{H}_m$,以向量 $\boldsymbol{H}_m$ 的方差作为区域均衡性。例如,在沙堆模型中,可以把沙堆划分为 3×3

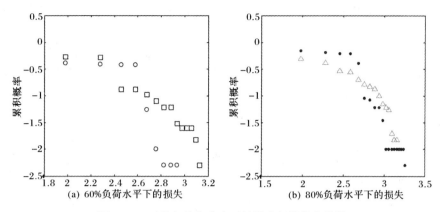

图 6.27 两种负载率分布下的故障规模分布曲线

和 6×6 大小的区域,对应于 $\boldsymbol{H}_{3 \times 3}$ 和 $\boldsymbol{H}_{6 \times 6}$ 。

$$J_m = D(H_m) \tag{6.53}$$

式中,m 表示区域的大小;$\boldsymbol{H}_m$ 是电网各区域负载率构成的向量,$\boldsymbol{H}_m = [H_1, H_2, \cdots, H_m]$;$D$ 表示求取向量 $\boldsymbol{H}_m$ 的方差。

引发大规模停电事故的很多小概率事件事先没有被预料到,却有可能造成严重的后果。因此仅仅重点关注电网的部分指标和局部的元件状态容易顾此失彼,这里的区域均衡性指标是一个监视连锁故障风险的全局性方法。自组织临界态下的电力系统平均负荷水平和区域均衡性都在一定范围内波动,因此设电力系统自组织临界的特征参数 $\overline{J}_m$ 为 N 天的区域负载均衡性平均值。

$$\overline{J}_m = \frac{1}{N} \sum_{i=1}^{N} D_i(\boldsymbol{H}_m) \tag{6.54}$$

对于同一个系统,区域均衡性指标 $\overline{J}_m$ 低时危险结构较少,$\overline{J}_m$ 高时危险结构较多。为了衡量控制规则对区域均衡性的作用,可求得控制规则动作前后区域均衡性的差值,以变化幅度 $\Delta \overline{J}_m / \overline{J}_m$ 来表示。其中 $\Delta \overline{J}_m$ 方程如下

$$\Delta \overline{J}_m = \frac{1}{N} \sum_{i=1}^{n} \{ D_i(\boldsymbol{H}_m) - D_i'(\boldsymbol{H}_m) \} = \frac{1}{N} \sum_{i=1}^{n} D_i(\boldsymbol{H}_m) - \frac{1}{N} \sum_{i=1}^{n} D_i'(\boldsymbol{H}_m)$$

$$\tag{6.55}$$

均衡性指标作为控制目标时是一种条件控制,也是对潮流的优化调整。当区域均衡性指标越限时启动控制规则。控制规则方法如下:

(1) 找到向量 $\boldsymbol{H}_m$ 中的最大值;

(2) 根据直流潮流模型的关联矩阵找到对区域潮流贡献最大的负荷;

(3) 在负荷切除量最小的目标函数下调整电力系统的负荷及发电量;

（4）以区域均衡性指标的限值为目标，经过多次小幅度的调整直到指标不再越限。

本书分别在沙堆模型和直流潮流模型的基础上制定了具体的区域负载均衡性指标，基于这些指标首先研究了控制规则对电网的影响，设计了能在电力系统中抑制故障传播和减小故障期望值的控制规则。

6.5.2 沙堆模型中的均衡性控制

在沙堆模型的仿真中，每一天有可能发生的故障期望值 EA（expected avalanche）即每天落下的一粒有可能带来的沙堆崩塌规模，数学表达式定义如下：

$$EA = \sum_{i=1}^{n} p_i X_i \tag{6.56}$$

式中，X_i 代表沙粒落在第 i 格后发生的雪崩规模；p_i 代表规模为 X_i 的雪崩发生的概率。由于沙粒是平均落下的，到每一个单元上的概率是一样的。因此在 48×48 的沙堆上，每个单元上落下沙粒的概率是 $1/2304$。

$$EA = \sum_{i=1}^{n} p_i X_i = \frac{1}{2304} \sum_{i=1}^{n} X_i \tag{6.57}$$

求取每一天的故障期望值，需要进行多次的仿真使得沙粒落在所有的沙堆单元上并统计其带来的崩塌后果。

本章求取了 600 天的 EA 数据并在时间轴上与故障序列一起进行了比较，由图 6.28 可以看出，EA 的走势与真实的故障序列并不一致，而且 EA 在一定区间内的波动并没有满足明显的概率分布。由于沙粒落在沙堆上具有随机性，当沙堆的故障期望值高的时候并不一定会发生大的崩塌事故，也有可能以多次的小型崩塌方式释放风险。

由于沙堆演化过程中受到随机因素的影响，在分析其自组织临界性变化的过程中需要区域均衡性指标。

沙堆崩塌的数学期望构成因素中包含沙堆的平均高度和均衡程度。其中，沙堆的均衡性分整体均衡性与区域均衡性。因为距离较远的两个沙粒单元高度达到 3 发生崩塌后其影响也是有限的，而两个沙粒单元高度达到 3 在一起发生崩塌引起的崩塌事故较大，所以除了对沙堆单个进行衡量，还需要对沙堆的危险结构进行区分和比较。

对于沙堆的危险结构也包括平均高度、整体均衡性及区域均衡性。为了区别和比较危险结构，本书提出了整体均衡性指标以及依据 3×3 和 6×6 的大小对沙堆进行分块得到的均衡性指标 $D(H_{3 \times 3})$ 和 $D(H_{6 \times 6})$，并依据这些指标在下文中进行了分析。

$$D[x_1, x_2, \cdots, x_n] = \frac{1}{n-1} \sum_{i=1}^{n} (x_i - \overline{x})^2 \tag{6.58}$$

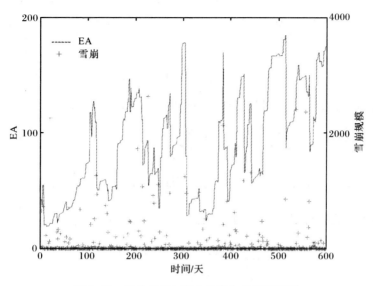

图 6.28 沙堆的 EA 演化曲线和故障序列图

对一个 48×48 的沙堆求整体均衡性指标，首先把沙堆高度矩阵转换到一个向量 $\overline{\boldsymbol{H}}$ 中。

$$\overline{\boldsymbol{H}} = [h_{11}, h_{12}, \cdots, h_{1m}, h_{21}, h_{22}, \cdots, h_{2m}, \cdots, h_{m1}, h_{m2}, h_{mm}]_{m=48} \qquad (6.59)$$

$$\overline{J} = \frac{1}{N} \sum_{i=1}^{N} D_i(\overline{\boldsymbol{H}})_{m=48} \qquad (6.60)$$

式中，N 代表天数；$\overline{J}$ 表示 N 天的均衡性平均值。

为了辨别区域负载均衡性，书中求均衡性指标 $\overline{J}_{3\times 3}$ 时按照 3×3 的大小对沙堆进行分块。例如

$$\begin{bmatrix} h_{11} & h_{12} & h_{13} & \cdots & h_{1n} \\ h_{21} & h_{22} & h_{23} & \cdots & \cdots \\ h_{31} & h_{32} & h_{33} & \cdots & \cdots \\ \cdots & \cdots & \cdots & \cdots & \cdots \\ h_{n1} & \cdots & & & h_{nn} \end{bmatrix} \text{中 } 3\times 3 \text{ 的 } \begin{bmatrix} h_{11} & h_{12} & h_{13} \\ h_{21} & h_{22} & h_{23} \\ h_{31} & h_{32} & h_{33} \end{bmatrix} \text{的小块平均高度为 } h_{11}^{3\times 3}$$

$$\overline{\boldsymbol{H}}_{3\times 3} = [h_{11}^{3\times 3}, h_{12}^{3\times 3}, \cdots, h_{1m}^{3\times 3}, h_{21}^{3\times 3}, h_{22}^{3\times 3}, \cdots, h_{2m}^{3\times 3}, \cdots, h_{m1}^{3\times 3}, h_{m2}^{3\times 3}, \cdots, h_{mm}^{3\times 3}]_{m=16}$$
$$(6.61)$$

$$\overline{J}_{3\times 3} = \frac{1}{N} \sum_{i=1}^{N} D_i(\overline{\boldsymbol{H}}_{3\times 3})_{m=16} \qquad (6.62)$$

同理，按照 6×6 的大小对沙堆进行分块，求得均衡性指标 $\overline{J}_{6\times 6}$ 如下

$$\overline{\boldsymbol{H}}_{6\times6} = \left[h_{11}^{6\times6}, h_{12}^{6\times6}, \cdots, h_{1m}^{6\times6}, h_{21}^{6\times6}, h_{22}^{6\times6}, \cdots, h_{2m}^{6\times6}, \cdots, h_{m1}^{6\times6}, h_{m2}^{6\times6}, \cdots, h_{mn}^{6\times6}\right]_{m=8}$$

$$(6.63)$$

$$\overline{\boldsymbol{J}}_{6\times6} = \frac{1}{N}\sum_{i=1}^{N}D_i(\overline{\boldsymbol{H}}_{6\times6})_{m=8} \tag{6.64}$$

沙堆的自然倒塌机制引起了沙堆的平均高度的变化如下

$$\Delta height = \frac{1}{N}\sum_{i=1}^{N}\frac{1}{48\times48}\sum_{j=1}^{48}\sum_{k=1}^{48}(S_{jk}-S'_{jk})$$

$$= \frac{1}{48\times48N}\sum_{i=1}^{N}\sum_{j=1}^{48}\sum_{k=1}^{48}S_{jk} - \frac{1}{48\times48N}\sum_{i=1}^{N}\sum_{j=1}^{48}\sum_{k=1}^{48}S'_{jk} \tag{6.65}$$

整体均衡性指标 $\overline{J}$、$\overline{J}_{3\times3}$、$\overline{J}_{6\times6}$ 的变化幅度如下：

$$\Delta\overline{J} = \frac{1}{N}\sum_{i=1}^{N}\left\{D_i(\overline{\boldsymbol{H}})_{m=48} - D'_i(\overline{\boldsymbol{H}})_{m=48}\right\}$$

$$= \frac{1}{N}\sum_{i=1}^{N}D_i(\overline{\boldsymbol{H}})_{m=48} - \frac{1}{N}\sum_{i=1}^{N}D'_i(\overline{\boldsymbol{H}})_{m=48} \tag{6.66}$$

$$\Delta\overline{J}_{3\times3} = \frac{1}{N}\sum_{i=1}^{N}\left\{D_i(\overline{\boldsymbol{H}}_{3\times3})_{m=16} - D'_i(\overline{\boldsymbol{H}}_{3\times3})_{m=16}\right\}$$

$$= \frac{1}{N}\sum_{i=1}^{N}D_i(\overline{\boldsymbol{H}}_{3\times3})_{m=16} - \frac{1}{N}\sum_{i=1}^{N}D'_i(\overline{\boldsymbol{H}}_{3\times3})_{m=16} \tag{6.67}$$

$$\Delta\overline{J}_{6\times6} = \frac{1}{N}\sum_{i=1}^{N}\left\{D_i(\overline{\boldsymbol{H}}_{6\times6})_{m=8} - D'_i(\overline{\boldsymbol{H}}_{6\times6})_{m=8}\right\}$$

$$= \frac{1}{N}\sum_{i=1}^{N}D_i(\overline{\boldsymbol{H}}_{6\times6})_{m=8} - \frac{1}{N}\sum_{i=1}^{N}D'_i(\overline{\boldsymbol{H}}_{6\times6})_{m=8} \tag{6.68}$$

表 6.12　沙堆自然崩塌的均衡性指标变化

	平均高度	整体均衡性指标	$\overline{J}_{3\times3}$	$\overline{J}_{6\times6}$
崩塌前	2.0996	0.9107	5.4389	16.1175
崩塌后	2.0992	0.9103	5.4352	16.1010
变化幅度/%	−0.02	−0.04	−0.068	−0.1

从表 6.12 中看出，未加入控制时，沙堆的自然崩塌引起的平均高度和均衡性指标变化很小。

小棍机制的原理是监视沙堆中的危险结构，当沙堆中出现危险结构时强制其倒塌，降低发生大规模崩塌的风险。衡量危险结构的具体方法有基于 $\boldsymbol{H}_{3\times3}$ 和基于 $\boldsymbol{H}_{6\times6}$ 的区域均衡指标，根据这两种指标设计的控制方法如表 6.13 所示。当沙堆的一个区域平均高度超过限值时，认为这个区域内的危险程度太高，强制其回到平均高度,把沙堆强制倒塌的故障规模计入当次雪崩的规模中。

表 6.13　小棍机制设计

	均衡性控制的启动值(平均高度)	均衡性控制的倒塌值(平均高度)
基于 $H_{3\times3}$ 的小棍机制	2.25	2.09
基于 $H_{6\times6}$ 的小棍机制	2.25	2.09
未加入控制规则	无	无

1) 基于 $H_{3\times3}$ 的小棍机制

基于 $H_{3\times3}$ 的小棍机制控制方法先把沙堆划分为 3×3 的小块,在沙堆进入自组织临界态后,当任何一个小块的平均高度大于 2.25 时则强制其倒塌到 2.09。加入控制规则后平均高度的变化曲线如图 6.29 所示,均衡性指标见表 6.14,变化曲线如图 6.30～图 6.32 所示。

表 6.14　基于 $H_{3\times3}$ 的小棍机制对均衡性指标的影响

	平均高度	整体均衡性 J	$\overline{J}_{3\times3}$	$\overline{J}_{6\times6}$
未加入控制规则	2.0996	0.9107	5.4389	16.1175
基于 $H_{3\times3}$ 的小棍机制	2.035	0.6448	3.0406	9.2591
变化幅度/%	−3.08	−29	−44.10	−42.55

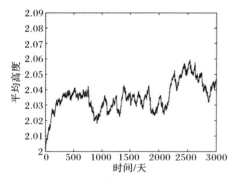

图 6.29　平均高度变化曲线

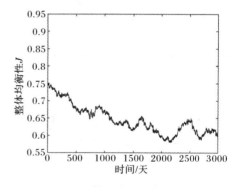

图 6.30　整体均衡性 J 的变化曲线

平均高度只是略有下降,待控制规则加入后整体均衡性 J 稳定在 0.6～0.7。从图 6.31、图 6.32 可以看出,$\overline{J}_{3\times3}$ 和 $\overline{J}_{6\times6}$ 的下降幅度较大。小棍机制的控制效果主要体现在 $\overline{J}_{3\times3}$ 和 $\overline{J}_{6\times6}$ 的变化上。

2) 基于 $H_{6\times6}$ 的小棍机制

基于 $H_{6\times6}$ 的小棍机制控制方法是先把沙堆划分为 6×6 的小块,在沙堆进入自组织临界态后,当任何一个小块的平均高度大于 2.25 时则强制其倒塌到 2.09。

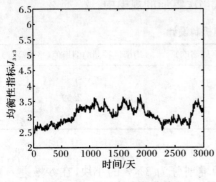

图 6.31　$J_{3\times3}$ 的变化曲线　　　　　　图 6.32　$J_{6\times6}$ 的变化曲线

小棍机制对沙堆的平均高度的影响较小,这与电力系统中尽量少地切除负荷也是吻合的,而均衡性指标受到的影响都很大。基于 $H_{6\times6}$ 的小棍机制加入后,各项指标见表 6.15,变化曲线如图 6.33~图 6.36 所示。小棍机制对故障序列期望值的影响见表 6.16。

表 6.15　基于 $H_{6\times6}$ 的小棍机制对均衡性指标的影响

	平均高度	整体均衡性	$\overline{J}_{3\times3}$	$\overline{J}_{6\times6}$
未加入控制规则	2.0996	0.9107	5.4389	16.1175
基于 $H_{6\times6}$ 的小棍机制	2.081	0.6605	4.5052	12.9099
变化幅度%	−0.89	−27.47	−17.17	−19.9

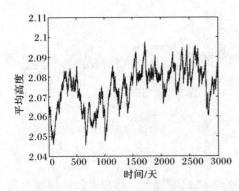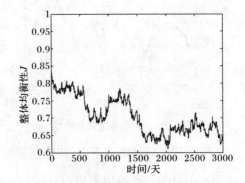

图 6.33　平均高度变化曲线　　　　　　图 6.34　整体均衡性 J 变化曲线

表 6.16　小棍机制对故障序列期望值的影响

	基于 $H_{3\times3}$ 的小棍机制	基于 $H_{6\times6}$ 的小棍机制	未加入控制规则
故障序列的数学期望值	12.29	16.29	85.92

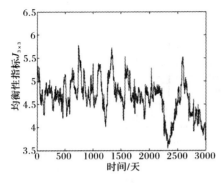
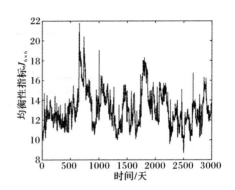

图 6.35　$J_{3\times3}$ 的变化曲线图　　　　　图 6.36　$J_{6\times6}$ 的变化曲线图

可从两种小棍机制的作用结果得到如下结论：

（1）两种小棍机制具有很好的控制效果。

（2）从表 6.14 和表 6.15 中的数据发现，基于 $\boldsymbol{H}_{6\times6}$ 的小棍机制对各均衡性指标及平均高度的影响幅度都要小于基于 $\boldsymbol{H}_{3\times3}$ 的小棍机制。

（3）从表 6.16 中看出，两种小棍机制都降低了故障序列的期望值，基于 $\boldsymbol{H}_{3\times3}$ 的小棍机制效果更好，但在现实中实施起来更难。

6.5.3　直流潮流模型中的均衡性控制

从沙堆模型的仿真看出，复杂系统进入自组织临界态后平均负载率稳定在一定水平，小棍机制等控制规则效果很好，而且主要的控制对象是均衡性指标。由于复杂系统的均衡性具有这样的特点，本书设计出了直流潮流模型中的区域均衡性控制方法，其主要控制依据是区域均衡性指标。根据区域均衡性指标是否越限决定是否启动均衡性控制，控制方法的流程图如图 6.37 所示。

本书首先提出了以直流潮流模型中的区域均衡性来指示系统的危险程度。具体方法构造如下：在一个潮流断面的基础上把直流潮流模型按照连接划分为 m 个小区域，求得各区域平均负载率作为向量 $\boldsymbol{H}_m$，以向量 $\boldsymbol{H}_m$ 的方差作为区域均衡性，并求得 N 天的区域均衡性平均值 $\overline{J}_m$。

$$\boldsymbol{H}_m = [H_1, H_2, \cdots, H_m]$$
$$J_4 = D(\boldsymbol{H}_m)$$
$$\overline{J}_m = \frac{1}{N}\sum_{i=1}^{N} D_i(\boldsymbol{H}_m) \tag{6.69}$$

本书把 IEEE-118 节点模型分为 4 条线路一组的小区域，根据直流潮流模型求得 $\overline{F}$，对各条线路求有功功率的 PI(performance index)指标组成向量 $\boldsymbol{H}_4$

$$\boldsymbol{H}_4 = [h_1, h_2, \cdots, h_n] \tag{6.70}$$

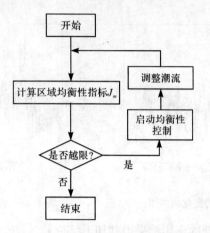

图 6.37　区域均衡性控制流程图

其中,$h_1 = \dfrac{1}{4}(\mathrm{PI}_1 + \mathrm{PI}_2 + \mathrm{PI}_3 + \mathrm{PI}_4)$,$h_2 = \dfrac{1}{4}(\mathrm{PI}_5 + \mathrm{PI}_6 + \mathrm{PI}_7 + \mathrm{PI}_8)$,$\cdots$

$$\mathrm{PI}_n = \frac{F_n}{F_n^{\max}}$$

$$\overline{\boldsymbol{P}} = (\boldsymbol{L}^{\mathrm{T}} \times \boldsymbol{L})^{-1} \times \boldsymbol{L}^{\mathrm{T}} \times \overline{\boldsymbol{F}}$$

$$\overline{\boldsymbol{F}} = \boldsymbol{b} \times \boldsymbol{A} \times \boldsymbol{B}^{-1} \times \overline{\boldsymbol{P}}$$

其中,$\overline{\boldsymbol{P}}$ 为节点的有功功率注入量,$\overline{\boldsymbol{P}} = \overline{\boldsymbol{P}}_g - \overline{\boldsymbol{P}}_l$。

电网潮流分布的均衡性指标

$$J_4 = D(\boldsymbol{H}_4) = D\left[h_1, h_2, \cdots, h_n\right] \tag{6.71}$$

本书对附录 A 中的第一组 IEEE-118 节点的电网初始潮流求得的均衡性指标 $J_4 = 0.0204$。此时各条支路的潮流总量与整个网络的元件最大允许传输容量之和为

$$\mu_{\mathrm{net}} = \frac{\displaystyle\sum_{i=1}^{m} |F_i|}{\displaystyle\sum_{i=1}^{m} F_{\max}} = 0.3545$$

$$\sum_{i=1}^{m} |F_i| = 9644\mathrm{MW}, \quad \sum_{i=1}^{m} F_{\max} = 26704\mathrm{MW} \tag{6.72}$$

为了单独体现均衡性的变化并观察潮流均衡性对电力系统故障序列的影响,在保持 μ_{net} 不变的情况下首先对潮流做一些调整得到第二组初始数据。其中,由于真实的电力系统受到电源和负荷分布及网络结构的限制,此处仅做理论性的探讨,只改变电力系统的潮流均衡性,系统的功率变化并不太大。

调整 $\overline{\boldsymbol{F}}$ 向量后得到新的潮流向量 $\overline{\boldsymbol{F}}'$,$\displaystyle\sum_{i=1}^{m} |F_i'| = 9644\mathrm{MW}$。

其中,

$$L = b \times A \times B^{-1},$$

$$\overline{P}' = (L^T \times L)^{-1} \times L^T \times \overline{F}' \tag{6.73}$$

设 $L' = (L^T \times L)^{-1} \times L^T$ 是一个 $m \times n$ 的矩阵,其中 $m = 179, n = 117$。

$$\begin{bmatrix} F_1 \\ \vdots \\ F_m \end{bmatrix} = \begin{bmatrix} L'_{11} & \cdots & L'_{1n} \\ \vdots & \cdots & \vdots \\ L'_{m1} & \cdots & L'_{mn} \end{bmatrix} \begin{bmatrix} P_1 \\ \vdots \\ P_n \end{bmatrix} \tag{6.74}$$

由 $\overline{P} = \overline{P}_g - \overline{P}_l$,在保持 $\overline{P}_l$ 不变的条件下,调整平衡节点的发电量即可以得到一组潮流均衡性指标 $J'_4 = 0.016$ 的初始数据。新的发电机功率如表 6.17 所示,负荷功率如表 6.18 所示。

表 6.17　发电机功率表

编号	发电功率/MW	编号	发电功率/MW	编号	发电功率/MW	编号	发电功率/MW
1	0	22	0	43	0	64	0
2	0	23	0	44	0	65	391
3	0	24	0	45	0	66	392
4	0	25	220	46	19	67	0
5	0	26	264	47	0	68	0
6	0	27	0	48	0	69	468.51
7	0	28	0	49	174	70	0
8	0	29	0	50	0	71	0
9	0	30	0	51	0	72	0
10	400	31	7	52	0	73	0
11	0	32	0	53	0	74	0
12	85	33	0	54	48	75	0
13	0	34	0	55	0	76	0
14	0	35	0	56	0	77	0
15	0	36	0	57	0	78	0
16	0	37	0	58	0	79	0
17	0	38	0	59	155	80	477
18	0	39	0	60	0	81	0
19	0	40	0	61	160	82	0
20	0	41	0	62	0	83	0
21	0	42	0	63	0	84	0

编号	发电功率/MW	编号	发电功率/MW	编号	发电功率/MW	编号	发电功率/MW
85	0	94	0	103	40	112	0
86	0	95	0	104	0	113	0
87	4	96	0	105	0	114	0
88	0	97	0	106	0	115	0
89	607	98	0	107	0	116	0
90	0	99	0	108	0	117	0
91	0	100	252	109	0	118	0
92	0	101	0	110	0		
93	0	102	0	111	36		

表 6.18 负荷功率表

编号	负荷功率/MW	编号	负荷功率/MW	编号	负荷功率/MW	编号	负荷功率/MW
1	50.817	21	13.362	41	29.153	61	90.664
2	20.298	22	6.7291	42	94.83	62	85.018
3	38.137	23	118.14	43	13.116	63	1.71
4	32.11	24	122.8	44	25.811	64	81.85
5	207.28	25	5.8989	45	48.651	65	68.102
6	56.053	26	4.4015	46	28.209	66	112.27
7	17.388	27	134.53	47	21.493	67	27.24
8	36.706	28	17.477	48	19.578	68	5.3628
9	3.5	29	20.681	49	11.067	69	0
10	200	30	11.048	50	12.413	70	85.375
11	69.846	31	50.017	51	22.898	71	32.813
12	43.447	32	81.747	52	15.806	72	13.903
13	47.482	33	78.209	53	23.87	73	56
14	92.205	34	30.809	54	117.82	74	80.961
15	34.372	35	33.101	55	55.979	75	15.4
16	78.701	36	30.958	56	74.703	76	98.747
17	97.387	37	241.48	57	14.918	77	62.946
18	59.819	38	125.85	58	10.384	78	70.747
19	56.588	39	31.373	59	290.38	79	38.031
20	19.693	40	65.676	60	91.929	80	132.26

续表

编号	负荷功率/MW	编号	负荷功率/MW	编号	负荷功率/MW	编号	负荷功率/MW
81	0.6982	91	133.92	101	21.693	111	2.1
82	109.42	92	192.49	102	3.7852	112	68
83	7.7745	93	12.686	103	23	113	112.1
84	15.053	94	33.61	104	38	114	90.784
85	21.573	95	41.272	105	31	115	30.873
86	121	96	9.9415	106	43	116	184
87	−100	97	15.026	107	50	117	80
88	50.403	98	34.462	108	2	118	3.0503
89	222.74	99	41.277	109	8		
90	73.121	100	39.417	110	39		

第一组数据的仿真结果如图 6.38 和表 6.19 所示,第二组数据的仿真结果如图 6.39 和表 6.20 所示。第一组初始条件下进入自组织临界态后的分段故障统计结果如图 6.38 和表 6.19 所示。

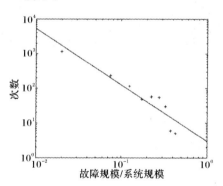

图 6.38　故障规模统计图

表 6.19　故障的归一化统计

故障规模/系统规模	故障次数	故障规模/系统规模	故障次数	故障规模/系统规模	故障次数
0~0.05	1157	0.15~0.2	48	0.3~0.35	30
0.05~0.1	231	0.2~0.25	57	0.35~0.4	6
0.1~0.15	115	0.25~0.3	55	0.4~0.45	5

双对数坐标下的表现如图 6.38 所示,由表 6.19 可看出,在显著性水平 0.01 下样本个数为 9,按自由度 $f=n-2=7$,查相关系数显著性检验表得到临界值 $R_{0.01}=0.797$。而此处 $\rho_{xy}=-0.8507$,满足 $|\rho_{xy}|>0.797$,说明在双对数坐标下的

线性关系显著,幂律分布有效。在双对数坐标下求得故障规模与次数的分布,在双对数坐标上利用最小二乘法对各数据点进行数据拟合,得到幂律分布函数

$$y = 10^{0.4747} x^{-1.6261}, \quad x \in (0,1)$$

求得故障期望值为 $(1/T) \sum_{t=1}^{T} g[G(t)] = 0.0084$。

第二组初始条件仿真经过 12000 天后的故障数据结果如图 6.39 和表 6.20 所示。

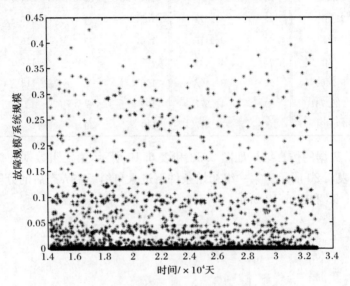

图 6.39　故障规模统计图

表 6.20　故障的归一化统计

故障规模/系统规模	故障次数	故障规模/系统规模	故障次数	故障规模/系统规模	故障次数
0~0.05	1154	0.15~0.2	49	0.3~0.35	32
0.05~0.1	237	0.2~0.25	53	0.35~0.4	11
0.1~0.15	110	0.25~0.3	58	0.4~0.45	1

对故障规模与次数取对数后,在显著性水平 0.01 下样本个数为 9,按自由度 $f = n - 2 = 7$,查相关系数显著性检验表得到临界值 $R_{0.01} = 0.797$。而此处 $\rho_{xy} = -0.8768$,满足 $|\rho_{xy}| > 0.797$,说明在双对数坐标下的线性关系显著,幂律分布有效。

在双对数坐标上利用最小二乘法对各数据点进行数据拟合,得到

$$y = 10^{0.3295} x^{-1.7537}, \quad x \in (0,1)$$

与第一组数据的仿真结果相比,幂律函数的斜率增加。归一化之后的故障序列期望值为 $(1/T) \sum_{t=1}^{T} g[G(t)] = 0.0080$。

表 6.21　初始数据均衡性对自组织临界性的影响

	潮流总量/MW	网络输送极限/MW	备用容量/%	J_4	归一化故障序列的幂律分布	归一化故障序列故障期望值
第一组初始数据	9644	26704	20	0.204	$y=10^{0.4747}x^{-1.6261}$	0.0084
第二组初始数据	9644	26704	20	0.16	$y=10^{0.3295}x^{-1.7537}$	0.0080

　　比较两组初始数据的仿真结果，从表 6.21 可以看出，第二组数据的均衡性指标低于第一组数据，幂律分布的斜率大于第一组，故障期望值也小于第一组数据的仿真结果。在整体负载率不变的情况下，从归一化故障序列的分布和数学期望两方面说明降低初始条件的网络均衡指标能改善电力系统自组织临界性。

　　从沙堆模型和直流潮流模型的仿真中发现，电力系统进入自组织临界性是受各方面影响的长期演化结果。本节主要研究潮流的区域均衡性对自组织临界性的影响，并根据区域均衡性指标设计了控制规则。

　　首先求得每一条线路的 PI 指标，再先把系统划分为 4 条线路一组的区域，得到区域平均负载率向量 $\boldsymbol{H}_4$。对 $\boldsymbol{H}_4$ 求方差得 $D(\overline{\boldsymbol{H}}_4)$

$$\frac{1}{N}\sum_{i=1}^{m} D_i(\boldsymbol{H}_4) = 0.029, \quad N = 12000 \tag{6.75}$$

　　在不加控制措施的情况下，当直流潮流模型演化到自组织临界态后统计区域均衡性 $J_4=D(\overline{\boldsymbol{H}}_4)$，得到图 6.40 所示的结果。区域均衡性 J_4 的平均值为 0.029，在 0.028～0.03 之间上下波动。可设置控制规则在 J_4 超过 0.0293 时启动。

　　由于直流潮流模型中线路潮流与注入功率呈线性关系

$$\overline{\boldsymbol{F}} = \boldsymbol{G}\times\overline{\boldsymbol{P}} = b\times\boldsymbol{A}\times\boldsymbol{B}^{-1}\times\overline{\boldsymbol{P}} \tag{6.76}$$

当 J_4 越限时找到区域潮流最重的部分，即 $\boldsymbol{H}_4$ 中最大的元素。寻找对此区域潮流贡献最大的注入功率，根据 $\boldsymbol{H}_4$ 最大元素的位置与矩阵 $\boldsymbol{G}$ 对应的行向量确定注入功率 $\overline{\boldsymbol{P}}$ 的位置，调整注入功率 $\overline{\boldsymbol{P}}$ 对应的负荷和电源。这种情况对功率的调整效率最高。以负荷调整代价最小为优化目标，调整的目标是区域均衡性小于 0.029 为止，采用小幅多次的调整方式。对于潮流调整的幅度和次数可以经过多次仿真进行试验，选取效果最好的值。本书最终采用的是对负荷调整幅度为 5%，次数没有限制。

　　加入控制规则后区域均衡性指标的平均值如下：

$$\overline{J}_4' = \frac{1}{N}\sum_{i=1}^{n} D_i(\boldsymbol{H}_4) = 0.0284, \quad N=12000$$

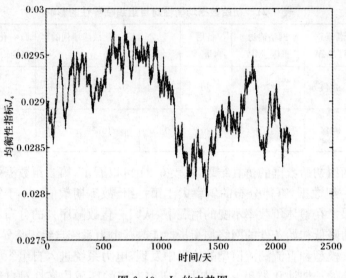

图 6.40　J_4 的走势图

　　均衡性指标受到控制规则的影响的变化趋势如图 6.41 所示,可以看出区域均衡性指标变化明显。而控制效果需要对电力系统故障序列的统计变化来验证,12000 天的仿真结果中对故障进行分段统计得到表 6.22 和图 6.42 所示的结果。

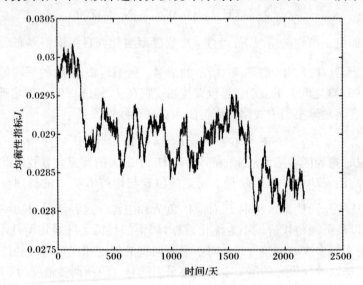

图 6.41　加入控制后区域均衡性走势图

表 6.22 故障的归一化统计

故障规模/系统规模	故障次数	故障规模/系统规模	故障次数	故障规模/系统规模	故障次数
0~0.05	664	0.15~0.2	31	0.3~0.35	23
0.05~0.1	173	0.2~0.25	51	0.35~0.4	6
0.1~0.15	92	0.25~0.3	37	0.4~0.45	4

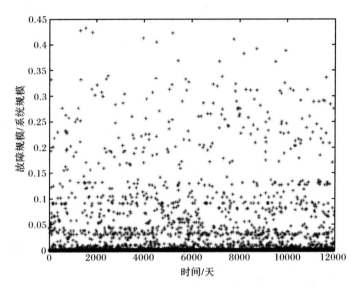

图 6.42 故障的归一化统计

对故障规模与次数取对数后,在显著性水平 0.01 下样本个数为 9,按自由度 $f=n-2=7$,查相关系数显著性检验表得到临界值 $R_{0.01}=0.797$。而此处 $\rho_{xy}=-0.9278$,满足 $|\rho_{xy}|>0.797$,说明在双对数坐标下的线性关系显著,幂律分布有效。

故障规模与次数的分布如图 6.43。在双对数坐标上利用最小二乘法对各数据点进行数据拟合得到

$$y = 10^{0.4413} x^{-1.5135}, \quad x \in (0,1) \tag{6.77}$$

加入控制措施前,故障随机过程可以表达为 $W(t)=a_0 \cdot e^{\lambda(t)} \cdot G(t)$。故障期望值 $E\{G(t)\}=0.0084$。加入控制措施后等于在原有的随机过程上叠加了一个新的随机过程 $Y(t)$,$W'(t)=a_0 \cdot e^{\lambda(t)} \cdot G'(t)$。

$$E\{[G'(t)]\} = E\{[G(t) \cdot Y(t)]\} = (1/T)\sum_{t=1}^{T}[G(t) \cdot Y(t)] = 0.0075$$

$$\tag{6.78}$$

如表 6.23 所示,$E\{[G'(t)]\}<E\{[G(t)]\}$ 成立,而 $\lambda(t)$ 是独立的随机过程。因此有 $E\{[W'(t)]\}<E\{[W(t)]\}$ 成立,即均衡性控制 $U(t)$ 的加入使得故障期望

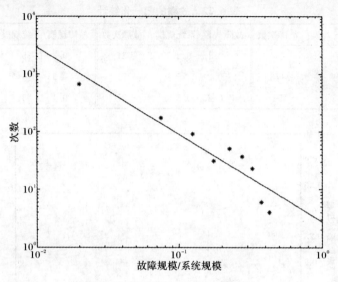

图 6.43　双对数坐标下的故障分布

值的降低。

表 6.23　均衡性控制对归一化序列期望值的影响

	加入均衡性控制	未加入控制规则
归一化故障序列数学期望值	0.0075	0.0084

6.6　本章小结

　　本章首先提出了均衡性指标,通过分析加入小棍前后沙堆模型均衡性的表现,发现小棍机制能有效地降低崩塌序列期望值并改善崩塌序列分布,同时对沙堆负载率的影响很小。在两组直流潮流初始数据上进行仿真,验证了均衡性好的初始数据下故障统计平均值较低且系统的故障序列分布更好。

　　在直流潮流模型上基于均衡性指标设计了区域均衡性控制方法,以均衡性指标作为反馈值对系统潮流进行调整优化调整。把控制方法加入直流潮流模型后进行长程时间的仿真,均衡性控制能够明显降低电力系统故障序列的期望值,从而验证了均衡性控制的思想。

参 考 文 献

[1] 丁道齐.复杂大电网安全性分析.北京:中国电力出版社,2010.

[2] 赵遵廉.《电力系统安全稳定导则》学习与辅导.北京:中国电力出版社,2001.

[3] 王梅义.大电网事故分析与技术应用.北京:中国电力出版社,2008.

[4] 王梅义,吴竞昌,蒙定中.大电网系统技术.第二版.北京:中国电力出版社,1995.

[5] 印永华,郭剑波,赵建军,等.美加"8·14"大停电事故初步分析以及应吸取的教训.电网技术,2003,27(10):1～5.

[6] 王梅义.有感于美国西部电网大停电.电网技术,1996,20(9):43～47.

[7] 何大愚.一年以后对美加"8·14"大停电事故的反思.电网技术,2004,28(21):1～5.

[8] 唐葆生.伦敦南部地区大停电及其教训.电网技术,2003,27(11):1～5.

[9] 胡学浩.美加联合电网大面积停电事故的反思和启示.电网技术,2003,27(9):2～6.

[10] 郭永基.加强电力系统可靠性的研究和应用——北美东部大停电的思考.电力系统自动化,2003,27(19):1～5.

[11] 卢强,梅生伟.现代电力系统灾变防治和经济运行若干重大基础研究.中国电力,1999,32(10):25～28.

[12] 韩祯祥,曹一家.电力系统的安全性及防治措施.电网技术,2004,28(9):1～6.

[13] 曹一家,郭剑波,梅生伟,等.大电网安全性评估的系统复杂性理论.北京:清华大学出版社,2010.

[14] 梅生伟,薛安成,张雪梅.电力系统自组织临界特性与大电网安全.北京:清华大学出版社,2009.

[15] 石立宝,史中英,姚良忠,等.现代电力系统连锁性大停电事故机理研究综述.电网技术,2010,34(3):48～54.

[16] 成思危,冯芷艳.复杂性科学探索.北京:民主与建设出版社,1999:1～8.

[17] 戴汝为.关于"复杂性"的研究——一门21世纪的科学.科学前沿与未来.北京:科学出版社,1998:182～207.

[18] 钱学森,于景元,戴汝为.一个科学新领域——开放复杂巨系统及其方法论.自然杂志,1990,13(1):3～10.

[19] 成思危.复杂科学与系统工程.管理科学学报,1999,2(2):1～7.

[20] 张嗣瀛.复杂系统与复杂性科学简介.青岛大学学报,2001,16(4):25～29.

[21] 于景元,刘毅,马昌超.关于复杂性研究.系统仿真学报,2002,14(11):7～12.

[22] 钱学森.创建系统学.太原:山西科学技术出版社,2001.

[23] 宋学锋.复杂性、复杂系统与复杂性科学.中国科学基金,2003,16(5):262～269.

[24] 哈肯 H.协同学引论.徐锡申,等译.北京:原子能出版社,1984.

[25] 宋毅,何国祥.耗散结构论.北京:中国展望出版社,1986.

[26] 周明,孙树栋.遗传算法原理及应用.北京:国防工业出版社,1999.

[27] Li T Y,James A Y. Period three means chaos. American Mathematical Monthly,1975,82:985～992.

［28］May R M. Simple mathematical models with very complicated dynamics. Nature,1976,261: 959～967.

［29］Bak P,Tang C,Wiesenfeld K. Self-organized criticality:an explanation of 1/f noise. Physical Review Letters,1987,59:381～384.

［30］Mandelbrot B B. The Fractal Geometry of Nature. San Francisco:W. H. Freeman and Co. , 1982.

［31］Wolfram S. Universality and complexity in cellular automata. Physica D,1984,10:1～35.

［32］Bak P,Chen K. Self-organized criticality. Scientific American,1991,264(1):26～33.

［33］Bak P. 大自然如何工作——有关自组织临界性的科学. 李炜,蔡勖译. 武汉:华中师范大学 出版社,2001.

［34］Dhar D. Self-organized critical state of sandpile automaton models. Physical Review Letters,1990,64:1613.

［35］Majumdar S N,Dhar D. Height correlations in the Abelian sandpile model. Journal of Physics A,1990,23:4333.

［36］Held G A,Solina D H,Solina H,et al. Experimental study of critical-mass fluctuations in an evolving sandpile. Physical Review Letters,1990,65(9):1120～1123.

［37］Frette V. Sandpile models with dynamically varying critical slopes. Physical Review Letters,1993,70(18):2762～2765.

［38］Field S,Witt J,Nori F,et al. Superconducting vortex avalanches. Physical Review Letters. 1995,74:1206～1209.

［39］Bak P,Tang C. Earthquakes as a self-organized critical phenomenon. Journal of Geophysical Research,1994,15(B11):635～637.

［40］Johuson P A,Richard H M,Tenadore V. Magnitude and frequency of debris flow. Journal of Hydrology,1991,123,69.

［41］Biham O,Middleton A A,Levine D. Self-organization and a dynamical transition in traffic flow models. Physical Review A,1992,46:6124～6127.

［42］Malamud B D,Morein G,Turcotte D L. Forest fires:An example of self-organized critical behavior. Science,1998,281:1840～1841.

［43］Johansen A. Spatio-temporal self-organization in a model of disease spreading. Physica D, 1994,78:186～193.

［44］於崇文. 固体地球系统的复杂性与自组织临界性. 地学前缘,1998,5(3):159～182.

［45］於崇文. 地质作用的自组织临界过程动力学. 地学前缘,2000,7(1):13～42.

［46］於崇文. 成矿动力系统在混沌边缘分形生长———一种新的成矿理论与方法论. 地学前缘, 2001,8(3,4):9～28,471～489.

［47］谢和平. 分形岩石力学导论. 北京:科学出版社,1996.

［48］罗德军,艾南山. 泥石流爆发的自组织临界现象. 山地研究,1995,13(4):213～218.

［49］王宜玉,詹钱登. 泥石流暴发的应力自组织临界特性. 自然灾害学报,2002,11(3):39～44.

［50］欧敏. 滑坡演化过程 CA 预测理论研究及应用［博士学位论文］. 重庆:重庆大学,2006.

[51] 谢之康. 火灾现象与非线性——非线性火灾学. 中国矿业大学学报, 1999, 28(5): 421~424.

[52] 黄光球, 汪晓海. 基于元胞自动机的地下矿火灾蔓延仿真方法. 系统仿真学报, 2007, 19(1): 201~206.

[53] 黄光球, 乔坤. 基于元胞自动机的地下水突出与漫延仿真方法. 计算机工程, 2007, 33(17): 219~223.

[54] 宋卫国, 范维澄, 汪秉宏. 中国森林火灾的自组织临界性研究. 科学通报, 2001, 46(6): 521~525.

[55] 宋卫国, 范维澄, 汪秉宏. 有限尺度效应对森林火灾模型自组织临界性的影响. 科学通报, 2001, 46(21): 1841~1845.

[56] 宋卫国, 汪秉宏. 自组织临界性与森林火灾系统的宏观规律性. 中国科学院研究生院学报, 2003, 20(2): 1841~1845.

[57] 朱晓华. 自然灾害中奇异分形现象的研究进展. 科技导报, 1999, 10: 48~50.

[58] 朱晓华. 我国农业气象灾害减灾研究. 中国生态农业学报, 2003, 11(2): 139~140.

[59] 朱晓华, 蔡运龙. 中国自然灾害灾情统计与自组织临界性特征. 地理科学, 2004, 24(3): 264~270.

[60] Dobson I, Carreras B A, Lynch V E, et al. An initial model for complex dynamics in electric power system blackouts. Hawaii International Conference on System Sciences, Maui, Hawaii, January 2001.

[61] Dobson I, Chen J S, Throp B A, et al. Examining criticality of blackouts in power system models with cascading events. Hawaii International Conference on System Sciences, January 2002, Maui, Hawaii.

[62] Bae K, Thorp J S. A stochastic study of hidden failures in power system protection. Decision Support Systems, 1999, 24(3): 259~268.

[63] Chen J, Thorp J S. Study on cascading dynamics in power transmission systems via a dc hidden failure model. international. Journal Electrical Power and Energy System, 2005, 27(4): 318~326.

[64] Stubna M D, Fowler J. An application of the highly optimized tolerance model to electrical blackouts. International Journal of Bifurcation and Chaos, 2003, 13(1): 237~242.

[65] Johnston A C, Nava S. Recurrence rates and probability estimates for the New Madrid seismic zone. Journal of Geophysical Research, 1985, 90(B8): 6737~6753.

[66] Gutenberg B, Richter C F. Magnitude and energy of earthquakes. Annual Geophysics, 1956, 9(1): 1~15.

[67] Mandelbrot B B, van Ness J W. Fractional Brownian motions, fractional noises and applications. SIAM Review, 1968, 10(4): 422~426.

[68] Raup D M, Sepkoski J J. Periodicity of extinctions in the geologic past. Proceedings of the National Academy of Science, 1984, 81(3): 801~805.

[69] 李炜. 演化中的标度行为和雪崩动力学[博士学位论文]. 武汉: 华中师范大学, 2001.

[70] Carreras B A,Lynch V E,Dobson I,et al. Modeling blackout dynamics in power transmission networks with simple structure. 34th Hawaii International Conference on System Sciences,Maui,Hawaii,January. 2001.

[71] Cannon M J,Percival D B,Caccia D C,et al. Evaluating called windowed variance methods for estimating the Hurst coefficient of time series. Physica A,1997,241:606~626

[72] Carreras B A,Newman D E,Dobson I,et al. Initial evidence for self-organized criticality in electric power blackouts. 33rd Hawaii International Conference on System Sciences. Maui,Hawaii,January,2000.

[73] Chen J,Thorp J S,Parashar M. Analysis of electric power system disturbance data. Thirty-fourth Hawaii International Conference on System Sciences,Maui,Hawaii,January,2001.

[74] Carreras B A,Newman D E,Dobson I,et al. Evidence for self organized criticality in electric power system blackouts. Thirty-fourth Hawaii International Conference on System Sciences,Maui,Hawaii,January,2001.

[75] Carreras B A,Newman D E,Dobson I,et al. Evidence for self organized criticality in electric power system blackouts. IEEE Transactions on Circuits and Systems,part I,2004,51(9):1733~1740.

[76] 梅可玉. 论自组织临界性与复杂系统的演化行为. 自然辩证法研究,2004,20(7):6~9.

[77] Langton C G. Studying artificial life with cellular automata. Physica D,1986,22:120~149.

[78] Kauffman S A. Origins of Order:Self-organization and Selection in Evolution. Oxford:Oxford University Press,1993:1~709.

[79] Anderson P W. The eight fold way to the theory of complexity:A prologue//Cowan G A,Pines D,Meltzer D. Complexity:Metaphors,Models and Reality. Reading,Mass:Addison-Wessly Publishing Company,1994:7~16.

[80] http://www. nerc. com/~dawg/database. html.

[81] 国家电力调度通信中心. 全国电网典型事故分析(1988~1998). 北京:中国电力出版社,2000.

[82] 国家电力调度通信中心. 全国网省调度局(所)电网责任事故分析(1990~1997). 北京:中国电力出版社,1999.

[83] 电力部电力科学研究院. "八五"期间全国电网稳定事故统计分析(1991~1995 年). 北京:电力部电力科学研究院,1996.

[84] 电力部电力科学研究院. 近十年全国电网稳定事故统计分析(1981~1991 年). 北京:电力部电力科学研究院,1993.

[85] 屈靖,郭剑波. "九五"期间我国电网事故统计分析. 电网技术,2004,28(21):60~63.

[86] 郭剑波,印永华,姚国灿. 1981~1991 年电网稳定事故统计分析. 电网技术,1994,18(2):58~61.

[87] 郭剑波. "八五"期间全国电网稳定事故统计分析. 电网技术,1998,22(2):72~74.

[88] 王锡凡. 现代电力系统分析. 北京:科学出版社,2003.

[89] Dobson I,Carreras B A,Newman D E. A branching process approximation to cascading

load-dependent system failure. 37th Hawaii International Conference on System Sciences, Maui, Hawaii, , January, 2004.

[90] Dobson I, Carreras B A, Newman D E. Branching process models for the exponentially increasing portions of cascading failure blackouts. 38th Hawaii International Conference on System Sciences, Maui, Hawaii, January, 2005.

[91] Nedic D P, Dobson I, Kirschend S, et al. Criticality in a cascading failure blackout model. Proceedings of the Power Systems Computation Conference, Liege, Belgium, August, 2005.

[92] 梅生伟, 翁晓峰, 薛安成, 等. 基于最优潮流的停电模型及自组织临界性分析. 电力系统自动化, 2006, 30(13):1～5.

[93] 郭永基. 电力系统可靠性分析. 北京:清华大学出版社, 2003.

[94] Neumann J V. Theory of Self-reproducing Automata. Champaign: University of Illinois Press, 1966.

[95] Wolfram S. Theory and Applications of Cellular Automata. Singapore: World Scientific Press, 1986.

[96] 张水安, 自学志. 复杂系统的重要研究工具——细胞自动机及其应用. 自然杂志, 1998, 20(4):192～196.

[97] 冯春, 马建文. 多维参数反演遗传算法的元胞自动机模型与应用. 地球信息科学, 2005, 7(3):71～75.

[98] 周维. 基于地理元胞自动机的空间电力负荷预测研究[硕士学位论文]. 保定:华北电力大学, 2007.

[99] 应尚军, 魏一鸣, 蔡嗣经. 元胞自动机及其在经济学中的应用. 中国管理科学, 2000, 8(11):272～279.

[100] 周成虎, 孙战利. 地理元胞自动机研究. 北京:科学出版社, 2000.

[101] 金小刚. 基于 Matlab 的元胞自动机的仿真设计. 计算机仿真, 2002, 19(4):27～30

[102] 谢惠民. 复杂性与动力系统. 上海:上海科技教育出版社, 1994.

[103] 祝玉学, 赵学龙. 物理系统的元胞自动机模拟. 北京:清华大学出版社, 2003.

[104] 吴晓军. 复杂性理论及其在城市系统研究中的应用[博士学位论文]. 西安:西北工业大学, 2005

[105] Watts D J, Strogatz S H. Collective dynamics of "small world" networks. Nature, 1998, 393(6):440～442.

[106] Watts D J. Small worlds—the dynamics of networks between order and randomness. Princeton: Princeton University Press, 1998.

[107] Surdutovich G, Cortez C, Vitilina R, et al. Dynamics of "small world" networks and vulnerability of the electric power grid. Proceedings of VIII Symposium of Specialists in Electric Operational and Expansion Planning, May 19～23, 2002, Brasilia, Brasil, 2002:110～112.

[108] 孟仲伟, 鲁宗相, 宋靖雁. 中美电网的小世界拓扑模型比较分析. 电力系统自动化, 2004, 28(15):21～29.

[109] 陈洁,许田,何大韧. 中国电力网的复杂网络共性. 科技导报,2004,4:11～13.

[110] 吴金闪,狄增如. 从统计物理学看复杂网络研究. 物理学进展,2004,24(1):18～46.

[111] 吴彤. 复杂网络研究及其意义. 哲学研究,2004,8:58～63.

[112] 周涛,柏文洁,汪秉宏. 复杂网络研究概述. 物理评述,2005,34(1):31～35.

[113] Albert R,Barabasi A L. Statistical mechanics of complex networks. Reviews of Modern Physics,2002,74:47.

[114] Barabasi A L,Albert R. Emergence of scaling in random networks. Science,1999,286:509.

[115] 李文沅. 电力系统风险评估模型、方法和应用. 北京:科学出版社,2006.

[116] 史道济. 实用极值统计方法. 天津:天津科学技术出版社,2006.

[117] Dodd E L. The greatest and least vitiate under general laws of error. Transactions of the American Mathematical Society,1923,25:525～539.

[118] Frechet M. Sur la loi de probabilite de l'ecart maximum. Annales de la Société Polonaise de Mathematique Cracovie,1927,6:93～116.

[119] Fisher R A,Tippett L H C. Limiting forms of the frequency distribution of the largest or smallest member of a sample. Proceedings of the Cambridge Philosophical Society,1928,24:180～190.

[120] Gnedenko B. Sur la distribution limite du terme d'une serie aleatoire. Annals of Mathematics,1943,44:423～453.

[121] de Haan L. A form of regular variation and its application to the domain of attraction of the double exponential. Z. Wahrsch. Geb. ,1971,17:214～258.

[122] Weibull W. A statistical theory of the strength of materials. Ingeniörs Vetenskaps Akademiens Handlingar,1939:151.

[123] Weibull W. A statistical distribution function of wide applicability. Journal of Applied Mechanics,1951,18:293.

[124] Gumbel E J. Statistics of Extremes. New York:Columbia University Press,1858.

[125] 何越磊. 沙堆模型复杂性现象及自组织临界性系统研究[博士学位论文]. 成都:西南交通大学,2005.

[126] 苏凤环. 自组织临界性理论与元胞自动机模型研究[博士学位论文]. 成都:西南交通大学,2005.

[127] 傅湘,王丽萍,纪昌明. 极值统计学在洪灾风险评价中的应用. 水利学报,2001,7:8～12.

[128] 张卫东,李茂林,张秀梅. 极值理论在地震危险性分析中的应用与研究. 东北地震研究,2005,21(1):24～30.

[129] 周开国,缪柏其. 应用极值理论计算在险价值. 预测,2002,21(3):37～41.

[130] 吴昊,郭仁东,常春. 多项分布极值水文统计理论应用研究. 沈阳大学学报,2005,17(4):74～77.

[131] 欧阳资生. 极值估计在金融保险中的应用. 北京:中国经济出版,2006.

[132] 郭剑波. 我国电力科技现状与发展趋势. 电网技术,2006,30(18):1～7.

[133] 电力系统安全稳定导则(DL\T755－2001). 北京：中国电力出版社,2001.

[134] 韩水,苑舜,张近珠. 国外典型电网事故分析. 北京：中国电力出版社,2005.

[135] 张玮,潘贞存,赵建国. 新的防止大停电事故的后备保护减载控制策略. 电力系统自动化, 2007,31(8):27～31,99.

[136] 于群,郭剑波. 复杂电力系统灾变防治的综合集成方法论初探. 中国电力,2006,39(1): 27～30.

[137] 于群,郭剑波. 中国电网停电事故统计与自组织临界性特征. 电力系统自动化,2006, 30(2):16～21.

[138] Chen J,Thorp J S,Parashar M. Analysis of electric power system disturbance data. Thirty-fourth Hawaii International Conference on System Sciences, Maui, Hawaii, January, 2001.

[139] 于群,郭剑波. 电网停电事故的自组织临界性及其极值分析. 电力系统自动化,2007. 31(3):1～5.

[140] 曹一家,丁理杰,江全元,等. 基于协同学原理的电力系统大停电预测模型. 中国电机工程学报. 2009,25(18):13～19

[141] Dobson I,Carreras B A,Lynch V E,et al. Complex systems analysis of series of blackouts:cascading failure,criticality,and self-organization. Bulk Power System Dynamics and Control-VI,Italy,2004.

[142] Bae K,James S,Thorp. A stochastic study of hidden failures in power system protection. Decision Support Systems,1999,24:259～268.

[143] Stubna M D,Fowler J. An application of the highly optimized tolerance model to electrical blackouts. International Journal of Bifurcation and Chaos,2003,13(1),237～242.

[144] 陈翰馥,郭雷. 现代控制理论的若干进展及展望. 科学通报,1998,43(1):1～6.

[145] Newmanl M E J. Models of the small world. Journal of Statistical Physics,2000,101(3): 819～840.

[146] 钱敏平,龚光鲁. 随机过程论. 北京：北京大学出版社,2000.

[147] 鞠平,吴耕杨. 电力系统概率稳定的基本定理及算法. 中国电机工程学报,1991,11(6): 17～25.

附　录

附录 A　IEEE-118 节点电网模型参数

附表 A.1　发电机功率表

编号	发电功率/MW	编号	发电功率/MW	编号	发电功率/MW	编号	发电功率/MW
1	0	25	220	49	174	73	0
2	0	26	264	50	0	74	0
3	0	27	0	51	0	75	0
4	0	28	0	52	0	76	0
5	0	29	0	53	0	77	0
6	0	30	0	54	48	78	0
7	0	31	7	55	0	79	0
8	0	32	0	56	0	80	477
9	0	33	0	57	0	81	0
10	400	34	0	58	0	82	0
11	0	35	0	59	155	83	0
12	85	36	0	60	0	84	0
13	0	37	0	61	160	85	0
14	0	38	0	62	0	86	0
15	0	39	0	63	0	87	4
16	0	40	0	64	0	88	0
17	0	41	0	65	391	89	607
18	0	42	0	66	392	90	0
19	0	43	0	67	0	91	0
20	0	44	0	68	0	92	0
21	0	45	0	69	511	93	0
22	0	46	19	70	0	94	0
23	0	47	0	71	0	95	0
24	0	48	0	72	0	96	0

编号	发电功率/MW	编号	发电功率/MW	编号	发电功率/MW	编号	发电功率/MW
97	0	103	40	109	0	115	0
98	0	104	0	110	0	116	0
99	0	105	0	111	36	117	0
100	252	106	0	112	0	118	0
101	0	107	0	113	0		
102	0	108	0	114	0		

附表 A.2　负荷功率表

编号	负荷功率/MW	编号	负荷功率/MW	编号	负荷功率/MW	编号	负荷功率/MW
1	51	24	13	47	34	70	66
2	20	25	0	48	20	71	0
3	39	26	0	49	87	72	12
4	39	27	71	50	17	73	6
5	0	28	17	51	17	74	68
6	52	29	24	52	18	75	47
7	19	30	0	53	23	76	68
8	28	31	43	54	113	77	61
9	0	32	59	55	63	78	71
10	0	33	23	56	84	79	39
11	70	34	59	57	12	80	130
12	47	35	33	58	12	81	0
13	34	36	31	59	277	82	54
14	14	37	0	60	78	83	20
15	90	38	0	61	0	84	11
16	25	39	27	62	77	85	24
17	11	40	66	63	0	86	21
18	60	41	37	64	0	87	0
19	45	42	96	65	0	88	48
20	18	43	18	66	39	89	0
21	14	44	16	67	28	90	163
22	10	45	53	68	0	91	10
23	7	46	28	69	0	92	65

续表

编号	负荷功率/MW	编号	负荷功率/MW	编号	负荷功率/MW	编号	负荷功率/MW
93	12	100	37	107	50	114	8
94	30	101	22	108	2	115	22
95	42	102	5	109	8	116	184
96	38	103	23	110	39	117	20
97	15	104	38	111	0	118	33
98	34	105	31	112	68		
99	42	106	43	113	6		

附表 A.3　线路电抗数据表

编号	线路电抗	编号	线路电抗	编号	线路电抗	编号	线路电抗
1	0.999	23	0.0493	45	0.142	67	0.0588
2	0.424	24	0.117	46	0.0268	68	0.1635
3	0.00798	25	0.0394	47	0.0094	69	0.122
4	0.108	26	0.0849	48	0.106	70	0.145
5	0.054	27	0.097	49	0.168	71	0.0707
6	0.0208	28	0.159	50	0.054	72	0.00955
7	0.0305	29	0.0492	51	0.0605	73	0.151
8	0.0322	30	0.08	52	0.0487	74	0.0966
9	0.0688	31	0.163	53	0.183	75	0.134
10	0.0682	32	0.0855	54	0.135	76	0.0966
11	0.0196	33	0.0943	55	0.2454	77	0.0719
12	0.0616	34	0.0504	56	0.1681	78	0.2293
13	0.16	35	0.086	57	0.0901	79	0.12243
14	0.034	36	0.1563	58	0.1356	80	0.2158
15	0.0731	37	0.0331	59	0.127	81	0.145
16	0.0707	38	0.1153	60	0.189	82	0.15
17	0.2444	39	0.0985	61	0.0625	83	0.0135
18	0.195	40	0.0755	62	0.16125	84	0.0561
19	0.0834	41	0.1244	63	0.186	85	0.0376
20	0.0437	42	0.247	64	0.505	86	0.02
21	0.1801	43	0.0102	65	0.0752	87	0.0986
22	0.0505	44	0.0497	66	0.137	88	0.0302

编号	线路电抗	编号	线路电抗	编号	线路电抗	编号	线路电抗
89	0.083545	112	0.0704	135	0.0934	158	0.1813
90	0.218	113	0.0202	136	0.108	159	0.0762
91	0.117	114	0.853	137	0.206	160	0.0755
92	0.1015	115	0.03665	138	0.295	161	0.064
93	0.016	116	0.132	139	0.058	162	0.0301
94	0.2778	117	0.148	140	0.0547	163	0.203
95	0.324	118	0.0641	141	0.0885	164	0.0612
96	0.127	119	0.123	142	0.179	165	0.0741
97	0.4115	120	0.2074	143	0.0813	166	0.0104
98	0.0355	121	0.102	144	0.1262	167	0.00405
99	0.196	122	0.173	145	0.0559	168	0.14
100	0.18	123	0.0712	146	0.112	169	0.0481
101	0.0454	124	0.06515	147	0.0525	170	0.0544
102	0.1323	125	0.0836	148	0.204	171	0.0267
103	0.141	126	0.038274	149	0.1584	172	0.0382
104	0.122	127	0.1272	150	0.1625	173	0.0388
105	0.0406	128	0.0848	151	0.229	174	0.0375
106	0.148	129	0.158	152	0.0378	175	0.0386
107	0.101	130	0.0732	153	0.0547	176	0.0268
108	0.1999	131	0.0434	154	0.183	177	0.037
109	0.0124	132	0.182	155	0.0703	178	0.037
110	0.0244	133	0.053	156	0.183	179	0.037
111	0.086314	134	0.0869	157	0.0288		

附表 A.4　线路最大传输功率表

编号	最大传输功率/MW	编号	最大传输功率/MW	编号	最大传输功率/MW	编号	最大传输功率/MW
1	128	6	128	11	128	16	100
2	128	7	400	12	128	17	100
3	128	8	402	13	128	18	100
4	128	9	128	14	100	19	100
5	128	10	128	15	128	20	270

编号	最大传输功率/MW	编号	最大传输功率/MW	编号	最大传输功率/MW	编号	最大传输功率/MW
21	128	52	128	83	270	114	128
22	128	53	128	84	128	115	128
23	128	54	128	85	128	116	128
24	128	55	128	86	270	117	128
25	100	56	100	87	330	118	128
26	128	57	128	88	270	119	128
27	128	58	128	89	270	120	130
28	128	59	128	90	128	121	128
29	128	60	128	91	128	122	128
30	270	61	100	92	128	123	270
31	270	62	270	93	128	124	270
32	128	63	128	94	128	125	200
33	100	64	100	95	128	126	400
34	340	65	128	96	128	127	210
35	330	66	128	97	100	128	128
36	128	67	128	98	128	129	128
37	128	68	100	99	100	130	128
38	128	69	128	100	100	131	128
39	128	70	128	101	100	132	100
40	128	71	128	102	128	133	100
41	100	72	100	103	100	134	128
42	100	73	100	104	128	135	100
43	100	74	128	105	128	136	100
44	128	75	128	106	128	137	100
45	128	76	100	107	128	138	128
46	128	77	128	108	128	139	128
47	128	78	128	109	100	140	128
48	128	79	128	110	128	141	100
49	128	80	128	111	270	142	128
50	128	81	128	112	270	143	128
51	128	82	128	113	270	144	128

续表

编号	最大传输功率/MW	编号	最大传输功率/MW	编号	最大传输功率/MW	编号	最大传输功率/MW
145	128	154	128	163	128	172	128
146	128	155	128	164	100	173	480
147	128	156	128	165	128	174	330
148	128	157	128	166	100	175	270
149	128	158	128	167	270	176	128
150	128	159	128	168	128	177	128
151	128	160	128	169	128	178	128
152	128	161	128	170	100	179	270
153	128	162	128	171	400		

附录 B　1981～2000 年我国电网发生的重大事故（有损失负荷记录）统计

序号	事故名称	事故时间（年-月-日）	损失负荷/MW	损失电量/万 kW·h	恢复时间/min
1	1981 年西北电网 4·2 事故（陕西电网解列）	1981-4-2	180		32
2	1981 年华中电网 4·17 事故（湖南电网）	1981-4-17	479	28	43
3	1981 年华中电网 5·2 事故（湖南电网）	1981-5-2	347.5	58.8	
4	1981 年华东电网 6·8 事故（天生港电厂）	1981-6-8	70		
5	1981 年云南电网 7·28 事故（以昆线）	1981-7-28	21		
6	1981 年西北电网 8·14 事故（陕西电网解列）	1981-8-14	100		30
7	1982 年东北电网 4·5 事故（辽宁电网）	1982-4-5	150	6	
8	1982 年东北电网 5·24 事故（辽宁电网）	1982-5-24	138	2.7	
9	1982 年贵州电网 6·19 事故	1982-6-19	44		
10	1982 年华北电网 7·2 事故（山西电网）	1982-7-2	129		
11	1982 年华中电网 8·7 事故（湖北电网）	1982-8-7	584		48
12	1982 年华北电网 10·6 事故（京津唐电网）	1982-10-6	17		
13	1982 年西北电网 10·21 事故（陕西电网解网）	1982-10-21	200		63
14	1983 年西北电网 3·7 事故（兰州电网解列）	1983-3-7	100		
15	1983 年华中电网 5·21 事故（湖北葛荆线）	1983-5-21	260	23.7	

序号	事故名称	事故时间 (年-月-日)	损失负荷 /MW	损失电量 /万 kW · h	恢复时间/min
16	1983 年西北电网 6·15 事故(陕西电网解列)	1983-6-15	100		45
17	1983 年广西电网 6·21 事故(横线变电站)	1983-6-21	245	22	
18	1983 年西北电网 8·2 事故(在检查当天故障时又发生该故障,又造成陕西电网解网)	1983-8-2	290		9
19	1983 年西北电网 8·2 事故(陕西电网解网)	1983-8-2	160		38
20	1983 年华中电网 9·16 事故(江西电网)	1983-9-16	278		52
21	1983 年东北电网 9·25 稳定破坏事故(黑龙江电网)	1983-9-25	200		
22	1983 年东北电网 10·25 稳定破坏事故(黑龙江电网)	1983-10-25	220		
23	1984 年贵州电网 8·9 事故	1984-8-9	380	120	169
24	1984 年华北电网 8·28 事故(京津唐电网)	1984-8-28	184		
25	1984 年东北电网 9·18 稳定破坏事故	1984-9-18	313		
26	1985 年华东电网 1·7 事故(安徽螺丝岗变电站)	1985-1-7	274		
27	1985 年东北电网 1·23 稳定破坏事故	1985-1-23	20		
28	1985 年华中电网 5·24 事故(湖北凤塘线)	1985-5-24	210	10.5	
29	1985 年华北电网 6·4 事故(北京通州变电站)	1985-6-4	231	24.3	
30	1985 年贵州电网 6·8 事故(鸡场变电站)	1985-6-8	521.7	68.15	
31	1985 年东北电网 6·30 事故(辽西电网)	1985-6-30	107	170	
32	1985 年东北电网 7·8 事故	1985-7-8	213		
33	1985 年东北电网 7·20 事故(黑龙江电网)	1985-7-20	220		
34	1985 年东北电网 11·15 事故(辽宁电网)	1985-11-15	84	2.5	
35	1985 年东北电网 11·20 事故(熊岳变电站)	1985-11-20	75	2.4	
36	1986 年西北电网 3·16 事故(甘肃电网)	1986-3-16	420	200	
37	1986 年西北电网 3·17 事故(甘肃电网)	1986-3-17	15		
38	1986 年西北电网 3·24 事故(宁夏电网)	1986-3-24	120		
39	1986 年东北电网 4·17 事故(辽西电网)	1986-4-17	35	2.85	
40	1986 年华北电网 7·26 事故(京津唐陡河电厂)	1986-7-26	1460	233	
41	1986 年西北电网 8·12 事故(陕西电网)	1986-8-12	220		31
42	1986 年东北电网 8·14 事故(黑龙江电网)	1986-8-14	190	9.5	
43	1986 年广西电网 8·31 事故	1986-8-31	129		

序号	事故名称	事故时间 （年-月-日）	损失负荷 /MW	损失电量 /万 kW·h	恢复时 间/min
44	1986 年东北电网 10·18 事故（黑龙江电网解列）	1986-10-18	447		
45	1986 年华北电网 10·25 事故（220 京侯线）	1986-10-25	57		
46	1986 年东北电网 11·13 事故（黑龙江电网解列）	1986-11-13	284		
47	1986 年东北电网 11·28 事故（水洞一次变电站）	1986-11-28	31		
48	1987 年东北电网 3·4 事故（黑龙江电网解列）	1987-3-4	417		
49	1987 年华北电网 6·21 事故（京侯线）	1987-6-21	37		
50	1987 年西北电网 6·26 事故（陕西电网）	1987-6-26	30		
51	1987 年东北电网 7·22 事故（辽西电网解列单运）	1987-7-22	748	25.94	
52	1987 年东北电网 8·5 事故（黑龙江电网解列）	1987-8-5	207		
53	1987 年华中电网 8·11 事故（湖北电网）	1987-8-11	180	37	
54	1987 年华东电网 10·13 事故（安徽电网瓦解）	1987-10-13	207	7.1	30
55	1987 年华北电网 12·5 事故（上京线）	1987-12-5	230	11	
56	1987 年东北电网 12·28 事故（辽西电网解列）	1987-12-28	27	13.4	
57	1988 年西北电网 4·10 事故（宁夏电网）	1988-4-10	92	5	
58	1988 年西北电网 4·12 事故（陕西电网）	1988-4-12	280		
59	1988 年华东电网 5·2 事故（安徽淮北电网瓦解）	1988-5-2	250	70	168
60	1988 年东北电网 5·31 事故（辽宁电网）	1988-5-31	325	31.8	
61	1988 年东北电网 6·6 事故（黑龙江电网解列）	1988-6-6	200		
62	1988 年福建 6·22 事故（频率崩溃）	1988-6-22	250	8	20
63	1988 年贵州 8·6 事故	1988-8-6	526	230	383
64	1989 年广东电网 1·18 事故	1989-1-18	126	7.5	50
65	1989 年云南电网 4·3 停电事故	1989-4-3	54		
66	1989 年山东电网 4·5 停电事故（青岛地区）	1989-4-5	300	30.6	
67	1989 年贵州电网 8·4 停电事故	1989-8-4	586	9.65	107
68	1989 年西北电网 8·23 事故（宁夏电网）	1989-8-23	280	9.8	134
69	1990 年西北电网西北 6·10 事故（甘肃电网）	1990-6-10	210		
70	1990 年云南电网 7·17 事故（滇东电网解列）	1990-7-17	140	5.1	25
71	1990 年广东电网 9·20 事故（北部电网全停）	1990-9-20	800	177	222
72	1991 年广东电网 6·21 事故	1991-6-21	600	35.33	50
73	1991 年西北电网 7·17 事故（甘肃电网）	1991-7-17	200		

序号	事故名称	事故时间(年-月-日)	损失负荷/MW	损失电量/万 kW·h	恢复时间/min
74	1991 年华北电网 7·23 事故(山西电网)	1991-7-23	59.8	13.1	37
75	1991 年西北电网 10·10 事故(宁夏电网)	1991-10-10	34	3	62
76	1992 年华北电网 1·15 事故(河北南网)	1992-1-15	860	405	
77	1992 年东北电网 7·9 事故(吉林电网延边)	1992-7-9	25.2		
78	1992 年云南电网 7·17 事故	1992-7-17	396	272.5	107
79	1992 年东北电网 8·20 事故(辽宁电网)	1992-8-20	130		7
80	1992 年西北电网 10·28 事故(大坝电厂)	1992-10-28	80		
81	1992 年华中电网 11·14 事故(湖北电网)	1992-11-14	365	32.35	
82	1993 年海南电网 4·24 事故	1993-4-24	1370		
83	1994 年西北电网 1·10 事故(甘肃电网)	1994-1-10	640	79.44	360
84	1994 年南方电网 4·26 事故	1994-4-26	270		149
85	1994 年广东电网 5·25 事故	1994-5-25	573		162
86	1994 年南方电网 5·25 事故	1994-5-25	256		369
87	1995 年东北电网 2·10 事故(鸡西电厂)	1995-2-10	56		
88	1995 年西北电网 3·24 事故(青海解网)	1995-3-24	180		
89	1995 年福建电网 5·9 事故	1995-5-9	855		80
90	1995 年云南电网 9·7 事故	1995-9-7	391		
91	1995 年西北电网 9·9 事故(宁夏电网瓦解)	1995-9-9	420	564	116
92	1995 年广东电网 10·29 事故	1995-10-29	460		105
93	1996 年华北电网 1·19 事故(京津唐电网)	1996-1-19	360	37	411
94	1996 年广西电网 2·11 事故	1996-2-11	223		
95	1996 年云南电网 5·9 事故	1996-5-9	803		
96	1996 年贵州电网 5·10 事故	1996-5-10	443.4	79.6	247
97	1996 年华北电网 5·28 事故(沙岭子电厂)	1996-5-28	800		70
98	1996 年南方电网 6·6 事故	1996-6-6	799		22
99	1996 年南方电网 7·4 事故	1996-7-4	223		
100	1996 年西北电网 9·5 事故(陕西电网)	1996-9-5	120		
101	1996 年西北电网 11·5 事故(陕西 330kV 南郊)	1996-11-5	370		
102	1997 年西北电网 2·25 事故(陕西秦岭)	1997-2-25	280		
103	1997 年西北电网 2·27 事故	1997-2-27	410		1290
104	1997 年西北电网 3·25 事故(秦安变电站)	1997-3-25	160		

续表

序号	事故名称	事故时间 （年-月-日）	损失负荷 /MW	损失电量 /万 kW·h	恢复时 间/min
105	1997 年河北电网 8·12 事故	1997-8-12	500		9
106	1997 年西北电网 11·20 事故	1997-11-20	92		
107	1998 年华东、华中电网 1·21 事故	1998-1-21	1500		
108	1998 年华中电网 2·11 事故（湖南电网）	1998-2-11	48		
109	1998 年南方电网 2·24 事故（广东锦江电厂）	1998-2-24	210		
110	1998 年西北电网 3·18 事故（甘肃网秦雍线）	1998-3-18	130	6.5	
111	1998 年华北电网 11·23 事故（山西电网）	1998-11-23	250	74	
112	1998 年华中电网 12·1 事故（河南电网）	1998-12-1	800		
113	1998 年西北电网 12·26 事故（陕南汉中电网）	1998-12-26	59		
114	1999 年华中电网 4·17 事故（湖北）	1999-4-17	40		
115	1999 年华北电网 7·20 事故（山西电网新店变电站）	1999-7-20	261		365
116	1999 年 8·14 吉林电网事故	1999-8-14	37.8	3.13	
117	1999 年华中电网 9·25 事故（湖南电网）	1999-9-25	70		
118	1999 年东北电网 11·24 辽宁大风雪事故	1999-11-24	250		3147
119	2000 年华中电网 6·1 事故（湖南电网）	2000-6-1	100		
120	2000 年西北电网 7·23 事故	2000-7-3	66		
121	2000 年华东电网 8·18 事故（温州电厂）	2000-8-18	220	45	
122	2000 年西北电网 10·6 事故（碧口水电厂）	2000-10-6	11.4		
123	2000 年二滩水电厂 10·13 事故	2000-10-13	854.3		105
124	2000 年 11·18 蒙西电网与华北主网解列事故	2000-11-18	940		52

附录 C　国外电网发生的大停电事故统计

序号	事故名称	事故时间（年-月-日）	损失负荷/MW
1	北美大停电	1965-11-9	43600
2	法国电网大停电	1978-12-19	29000
3	加拿大魁北克大停电	1982-12-14	15470
4	瑞典电压崩溃	1982-12-27	11400
5	美西部大停电	1996-8-10	30500
6	意大利大停电	2003-9-28	14210

序号	事故名称	事故时间(年-月-日)	损失负荷/MW
7	美加大停电	2003-8-14	61800
8	英国伦敦大停电	2003-8-28	724
9	瑞典-丹麦大停电	2003-9-23	1800
10	意大利大停电	2003-9-28	1421
11	希腊大停电	2004-7-12	9230
12	莫斯科大停电	2005-5-23	3539
13	欧洲大停电	2006-11-4	14500
14	巴西大停电	2009-11-10	24000
15	巴西大停电	2011-2-4	8000
16	日本大停电	2011-3-11	22000
17	印度大停电	2012-7-30	35670
18	印度大停电	2012-7-31	50000